我的第一本

大自然趣味

安全书

跟大自然学自我保护

韩垒◎编著 孔令鹏◎绘

中国纺织出版社

内 容 提 要

大自然是美丽的，动物和植物的智慧是无穷的。本书结合自然界各种动物和植物的自我保护知识，为少年儿童量身打造安全防范读本，趣味性、生活性与知识性并重，内容涉及社会生活的方方面面，如饮食安全、交通安全、消防安全、自我保护意识和能力等，帮助孩子了解生活中的种种危机，学习正确的处理方法，培养自我保护的能力，希望所有的孩子都学会如何在复杂的社会中健康、快乐地成长

图书在版编目（CIP）数据

我的第一本大自然趣味安全书：跟大自然学自我保护 / 韩垒编著；孔令鹏绘. --北京：中国纺织出版社，2016.4（2022.6重印）

ISBN 978-7-5180-2219-9

Ⅰ.①我… Ⅱ.①韩… ②孔… Ⅲ.①安全教育—少儿读物 Ⅳ.①X925-49

中国版本图书馆CIP数据核字（2015）第295677号

责任编辑：王 慧　　责任印制：储志伟

中国纺织出版社出版发行

地址：北京市朝阳区百子湾东里A407号楼　邮政编码：100124

销售电话：010—67004422　传真：010—87155801

http：//www.c-textilep.com

E-mail：faxing@c-textilep.com

中国纺织出版社天猫旗舰店

官方微博http://weibo.com/2119887771

三河市延风印装有限公司印刷　各地新华书店经销

2016年4月第1版　2022年6月第2次印刷

开本：710×1000　1/16　印张：12.5

字数：144千字　定价：36.00元

前 言

亲爱的读者们：

大自然是美丽的，同时也是危险的。在美丽的大自然背后，往往隐藏着致命的危险。在面临危险时，你知道大自然中的动物和植物是如何保护自己的吗?

你知道生病的大象是如何给自己治病的吗?

你知道冬天时大树为什么要把衣服脱掉吗?

你知道刺猬是如何保护自己的吗?

你知道蝙蝠是如何躲避敌人的吗?

你知道壁虎在走投无路时会如何做吗?

你知道牙签鸟为什么敢站在鳄鱼嘴里吗?

你知道风滚草是如何繁殖后代的吗?

……

动物和植物利用无穷的智慧保护着自己。同样，我们的社会、学校、家园、游乐场所也是美丽的，可美丽的背后也往往存在着各种安全隐患，这些隐患可能会成为伤害我们的“隐形杀手”。因此，我们迫切需要了解各种安全知识，远离危险，保护自己。

这本小读物结合动物和植物的各种自我保护知识，为少年儿童量身打造安全防范小读本，内容涉及社会生活的方方面面，如饮食安全、交通安全、消防安全、自我保护意识和能力等，帮助孩子了解生活中的种种危机，学习正确的处理方法，培养自我保护的能力。趣味性、生活性与知识性并重，适合6~12岁儿童阅读。

这本书将和父母们、孩子们一起学习如何在复杂的社会中健康、快乐地成长。

编者

2014年12月

第1章

❤ **令人惊奇的自我保护方法 / 001**

★ 未卜先知——拥有发达第六感的狗狗 / 002
★ 记忆天才——过目不忘的小动物 / 005
★ 五行八卦——军事专家小蜘蛛 / 009
★ 数学小王子——抱团取暖的流浪猫 / 012
★ 淘气娃儿——越冷越要脱衣服 / 015
★ 爆炸头——风滚草的时髦发型 / 018
★ 小设计师——绝顶聪明的小蜜蜂 / 021
★ 飞行大军——喜欢偷懒的丹顶鹤 / 024
★ 学好数学——动物的保护伞 / 027

第2章

❤ **肤色装备——救命的色彩专家 / 031**

★ 斑马库巴——黑白条纹护身符 / 032
★ 神龙斗士——变色高手变色龙 / 035
★ 隐身高手——穿着透明皮壳的海兔 / 039
★ 游击战士——用环境保护自己的螳螂 / 042
★ 红色警报——用色彩吓跑敌人的箭毒蛙 / 045

第3章 ❤ **护身神器——动物世界中的带刀侍卫 / 049**

★ 蜗居行者——背着房子旅游的蜗牛 / 050
★ 纹丝不动——善用低调防守的乌龟 / 053
★ 电池大王——一击制敌的雷震子 / 056
★ 斧钺钩叉——全身长满硬刺的刺猬 / 059
★ 火辣辣——会蜇人的蝎子草 / 062
★ 夜行侠——携着无声器闯荡的蝙蝠侠 / 065
★ 虾兵蟹将——东海龙王的守护者海豚 / 068
★ 击剑手——锐利的击剑手剑鱼 / 071
★ 鞭锏锤抓——用棘刺自卫的豪猪 / 074
★ 神刺防身——身着尖刺的仙人掌 / 077

第4章 ❤ **七十二变——生物求生大变身 / 081**

★ 隐身不见——隐身法的创始者叶形鱼 / 082
★ 海底化装术——与环境相互配合的比目鱼 / 085
★ 分身大法——搭风车回家的蒲公英 / 088
★ 百变高手——剧毒与隐身齐具的石头鱼 / 090
★ 招后招——一招不行再来一招的乌贼 / 093
★ 水下魔鬼——力大无穷的蝠鲼 / 096
★ 伪装大师——细细长长的竹节虫 / 099
★ 一石二鸟——骑着小动物搬家的苍耳 / 102

第5章 ❤ **靠山之王——寻找靠山防御的动物 / 107**

★ 蹭房专家——白住房的创始者寄居蟹 / 108
★ 保护伞——与海葵共生的小丑鱼 / 111
★ 鸡毛当令箭——举着海葵的拳击蟹 / 114

★ 免费航空——进入鸟肚里的樱桃 / 116
★ 顺风耳——能听千里的神兽 / 119
★ 好哥俩——犀牛与犀牛鸟的友谊 / 123
★ 牙科大夫——鳄鱼的专用牙医牙签鸟 / 125
★ 带路人——为鲨鱼服务的向导鱼 / 128
★ 抢地盘——我的地盘我做主 / 131

第6章 **舍车保帅——保留主力军的奇迹 / 135**
★ 麒麟臂——舍弃身体的螃蟹 / 136
★ 断臂求生——断尾逃生的壁虎 / 139
★ 再世华佗——会给自己治病的大象 / 142
★ 远程导弹——精确制导的凤仙花 / 145
★ 团结一致——惊心动魄的迁徙大军 / 147
★ 千里大军——动物大部队迁徙 / 151
★ 靠天吃饭——天冷就搬家的小燕子 / 154

第7章 **装死无敌——装死给谁看 / 159**
★ 龟息功——最会装死的负鼠 / 160
★ 翻肚皮——最搞笑的装死蛇 / 163
★ 见地死——落地装死的金龟子 / 166
★ 智多星——聪明又狡猾的狐狸 / 168
★ 掐指一算——能够预知未来的蟑螂 / 171
★ 不得脑震荡——天才防震专家啄木鸟 / 175
★ 龟息大法——用假死骗过众人 / 178

第8章 **无敌连环屁——动物界中的化学家 / 181**
★ 放屁添风——臭不可闻的放屁虫 / 182

★ 臭屁神功——黄鼠狼的致命武器 / 184
★ 邋遢大王——不洗澡保护自己的蚱蜢 / 187
★ 又臭又香——灵猫让你进退两难 / 190
★ 无情三绝斩——沙漠中的行者角蜥 / 193
★ 牧羊人——动物中的逍遥大仙 / 197

参考文献 / 200

第1章　令人惊奇的自我保护方法

聪明的小朋友，近年来，安全问题越来越突出，你知道如何远离危机、保护自己吗？

在大自然中，各种小动物都练成了一身保护自己的能力，这些知识你了解吗？

你知道狗狗是如何保护自己的吗？

你知道信鸽是如何准确找到“回家”的路的吗？

你知道是谁教会诸葛亮摆八卦阵的吗？

你知道流浪猫是如何生存的吗？

你知道……

今天，带你走进奇妙的动物世界，去了解动物是如何保护自己的。

未卜先知——拥有发达第六感的狗狗

放暑假的时候，洋洋去了乡下的爷爷家，在那里度过了两个月的快乐时光。最令他难忘的是爷爷养的那条叫黑豆的狗，它有很多神奇的本领。

有一天，洋洋正在做暑假作业，奶奶在一旁缝缝补补，黑豆安静地趴在门边。忽然，黑豆像发现了外星人一样，立刻坐起来，一动不动，紧接着，又蹦又跳地跑出去。

奶奶说："你爷爷从街上买菜回来了。"

洋洋问："奶奶你怎么知道？"

奶奶回答说："黑豆很有灵性，你出去看看，爷爷准回来了。"

洋洋半信半疑地走出门，果然在很远的地方依稀看到爷爷的身影。爷爷离家还有很远的距离，洋洋也只是凭借爷爷走路的姿势看出来，怎么黑豆这条狗能知道爷爷回来了呢?

后来，他不止一次地发现，不管什么时候，黑豆都能够准确地预测出爷爷回家的时间。洋洋很奇怪，难道这条狗有未卜先知的本领?

安全课前小问题

聪明的小朋友，你知道狗狗如何能够预测出这些事情吗？它是否真的有未卜先知的本领呢？

生活中，狗狗是一种非常有灵性的动物。经过动物学家的研究得知，狗狗有非常发达的听觉和嗅（xiù）觉。它的听觉是人类的20倍，能够分辨出极为细小和高频率的声音，而且对声源的判断能力也特别强。它的嗅觉更是了不得，它有大约2.2亿个嗅觉细胞，是人类的250倍，能分辨出大约200万种物质发出的不同浓度的气味。

警犬就是警察叔叔利用狗狗发达的嗅觉和听觉，专门训练用来对付犯罪分子的。

狗狗发达的嗅觉和听觉，加上耳与眼的交感作用，所以完全能够做到眼观六路，耳听八方。当夜幕降临的时候，即使保持睡眠状态，狗狗也能够保持高度的警惕（tì）性，对周围1千米以内的声音都能分辨清楚。

动物学家认为，这是狗狗的一种自我保护方式。远古的时候，狗狗是在野外生存的，老虎、狮子、猎豹等肉食动物都会威胁它的生命，而且狗狗的耐力和速度都不如它们。在这种环境中，狗狗练就了一身厉害的本领——发达的嗅觉和听觉。当老虎、狮子和猎豹等天敌接近的时候，它立刻就能知道，提前采取措施，起到自我保护的作用。后来，狗被人类畜养，变成了家畜，但它发达的嗅觉和听觉却遗传了下来。

发达的嗅觉和听觉似乎还不能说明它的神奇。在美国，有一只狗能够成功地预测出主人癫痫发作的时间。

在美国有个七岁的小男孩，很不幸，他天生就有癫（diān）痫（xián）病。他的癫痫病很严重，而且来得很突然，没有任何先兆。这个可怜的小男孩，饱受癫痫病的折磨，有一次发病突然摔倒，造成严重的脑震荡……

后来，小男孩的父母为他买了一条牧羊犬，和他作伴，这个办法果然很好，他与宠物相处得非常好，一定程度上缓解了他的痛苦。

这条性格温顺的牧羊犬与小男孩相处仅仅两个月，小男孩的父母就注意到一个特别的现象：有的时候，这条牧羊犬会突然离开小男孩，奔向他的父母，并咬住他们的裤腿，拽着他们向小男孩走去。大约10分钟，小男孩的癫痫便开始发作。

它的预警本领使小男孩父母心中悬着的一块大石头落了下来。忠于职守的牧羊犬使小男孩的父母有充足的准备时间，阻止或减轻小男孩癫痫的发作，避免再次受伤。

尽管现在的科技很发达，可对于狗能够成功预测癫痫病的发作时间依旧没有科学的解释，动物学家认为，这可能和狗发达的第六感有关系，至于原因，现在却无法解释。

聪明的小朋友们，你的家里有狗狗这种宠物吗？如果有的话，不妨也通过一些小实验，来试试狗狗发达的第六感吧！

场景：

李雷家所在的小区里，经常有狗出没。李雷每天都担惊受怕，很担心哪一天会被狗咬，因此无心学习，成绩下降了很多。在这种情况下，如何才能防止被狗咬？

安全法则：

一般来说，要避免被狗咬，要注意以下几个方面。

1.不要招惹哺乳期的狗。

2.万一遇到主动攻击你的狗，不要慌张，冷静下来，千万不要拔腿就跑，应该马上蹲下，做一个拣石头的动作，一般狗都很怕人扔石头，这一招很有效。

3.如果你怕狗，并且很不幸地遇到陌生的狗，不要对着它大喊大叫。一般来说，你不惹它，它不惹你。许多人被狗咬，往往是先招惹了它。

4.如果自己养了狗，一定要严格遵守国家制定的相关养犬的法律法规，保证他人和自己的安全。

记忆天才——过目不忘的小动物

在趣味无穷的大自然中，有的动物依靠化学武器来保护自己，有的依靠保

护色来保护自己，有的依靠“盔（kuī ）甲”来保护自己。还有一些动物，比如鸽子，是依靠发达的记忆力来保护自己。

在一本科普书上，洋洋看到了这段话，觉得很有意思：

一个叫陶罗斯·瑟（sè）内斯的运动员，在奥林匹克运动会上赢得了胜利，他想第一时间将这个好消息告诉他的父亲。于是，他将一只鸽子染成紫色后放出，让它飞回到瑟内斯家中。两天之后，他的父亲便得到了消息。

洋洋问：“爸爸，信鸽怎么会有这么好的记忆力，能够记住回家的路？”

爸爸说：“这个问题到目前为止还没有一个较为科学的答案。”

洋洋说：“我觉得很简单，就是鸽子的记忆力特别好。”

安全课前小问题

聪明的小朋友，你知道鸽子是如何知道“回家”的路的吗？不管路途多么遥远，鸽子都不会迷离，都能顺利到家。鸽子用记路来保护自己，它是如何做到的呢？生活中，当我们迷路了，应该怎么办呢？

在动物界中，燕子春来秋去，大雁南来北往，每次迁徙（xǐ）路途遥远，这些鸟类是依靠什么来导航的呢？

最开始，人们认为这是因为它们记住了沿途的高山、森林、大海和村庄，这似乎有一定的道理。后来，人们发现多数鸟类是在夜间迁徙飞行的，就认为依靠记忆力来导航的答案站不住脚了。

除了燕子和大雁之外，我们常见的鸽子也有着惊人的导航能力。据资料记载，1935年有一只家鸽整整飞行了八天，绕过半个地球，从当时的越南西贡长途跋（bá）涉（shè）地飞回了法国，全程达11265千米，当时这件事轰动了整个欧洲。

对于鸽子是怎样认识归家之路的，动物学家对鸽子进行了大量的研究，并根据实验的结果，总结出了一个答案：鸽子是利用太阳和地球磁场的共同作用来确定方向的。

我们知道，地球是一个巨大的磁体。最先的研究结果认为鸽子在飞行的过程中，地球一直围绕着太阳公转。动物学家认为，鸽子之所以能够在万里之外准确地飞回家，是因为能够依靠太阳掌握方向。

为了证明这种结论，动物学家给鸽子戴上了黑色的墨镜，使它看不到太阳，也看不到地面上的物体。可结果却是，放飞后的鸽子依然能够按照准确的方向飞回家。

后来，动物学家认为是太阳与地球磁场的共同作用。为了证明这种结论，动物学家在鸽子的颈部安装了一个带磁（cí）性的金属圈。在放飞之后，鸽子依旧能够准确地飞回家，只是花费的时间要稍微长一些。后来，在乌云蔽日的天气里将鸽子再次放飞，它便一去不复返，再也回不了家了。很显然，这是因为鸽子周围的地磁场发生了变化，才导致它失去了定向能力。

除了这个结论之外，还有一个信鸽导航论，持此种观点的人认为，鸽子的大脑内拥有一种导航仪，根据地球整日不停地自转和公转，依靠它大脑内的生物钟能正确校正时间，测量移位和方位角的变化，从而确定自己的位置和飞行定向。

除此之外，还有很多其他的论断，但具体的原因还在进一步的研究中。

洋洋了解了这些知识之后，说："想不到我们经常见到的鸽子也有这么多的秘密。"

爸爸回答说："是啊，别小看小小的鸽子，它可是与人类的命运休戚相关的。"

安全小课堂

场景：

小朋友，当你独自外出到陌生的地方，可能会忘记或者辨认不清来时的方向和路线，这时就会无法返回；和家人、同学们一起出行，也可能发生走失而迷路的情况。那么，外出时迷路了怎么办呢？

安全法则：

如果在家的附近迷路了，不要慌张，更不要乱跑，以免离家越来越远。最好的处理办法是报警，寻求警察叔叔的帮助，同时一定要记住自己家的地址，记住爸爸妈妈的名字、工作单位和电话号码，做到这些就可以安全回家了。

如果是在野外迷路了，更不要瞎闯乱跑，以免造成体力的过度消耗。可以呆在原地，大声地呼唤同伴儿，等待同伴儿的应答。还可以找一块空旷的地方，收集干草和树枝并点燃，用冒出的浓烟作为求救的信号。一定要记住，千万不要害怕，办法总比困难多。

五行八卦——军事专家小蜘蛛

洋洋喜欢看电视剧《三国演义》，当看到诸葛亮摆出八卦阵，将司马懿（yì）的三员虎将戴陵、张虎、乐平层层围住，最后瓮（wèng）中捉鳖（biē），轻而易举地抓住时，洋洋禁不住拍手叫好。

洋洋说："诸葛亮真厉害，居然能摆出八卦阵来。"

爸爸想考考洋洋，问："你知道是谁教会诸葛亮摆八卦阵的吗？"

洋洋摇摇头。

爸爸笑着说："是蜘（zhī）蛛（zhū）教会诸葛亮摆八卦阵的。"

"蜘蛛？"洋洋疑惑地问道。

爸爸继续说："你看过蜘蛛网吗？就是一张'八卦阵'形状的网，是复杂又美丽的八角形几何图案。这张网，可是蜘蛛的看家本领，小小的蜘蛛就是靠着这张网来躲避天敌、抓捕食物的。"

安全课前小问题

聪明的小朋友，你见过蜘蛛网吗？这个蜘蛛网可是藏有大学问的。在现实中，即便你用直尺和圆规也很难画出蜘蛛网那样匀称的图案。究竟小小的蜘蛛是如何织出这张网的？这张网究竟有什么奥秘，能够让蜘蛛躲避各种天敌呢？

蜘蛛的种类很多，我们常见的蜘蛛，它的外形很奇特，有八条弯曲分节的腿，一个圆球似的腹部，一对带有或多或少毒素的大颚（è）。蜘蛛的天敌有很多，像蟾（chán）蜍（chú）、蛙、蜥（xī）蜴（yì）、蜈蚣、蜜蜂、鸟类等，它们都喜欢捕食蜘蛛。

在这种危险的环境下，为了自我保护，蜘蛛经过长期的进化，学会了结网，它们生活在悬空的树枝之间，既能躲避蟾蜍、蛙、蜥蜴等天敌，又能够灵活捕食，一网多用。

蜘蛛网到底有什么玄机呢？我们接着看。

蜘蛛网的形状四散开来，看似复杂，其实秩序井然。根据动物学家的研究发现，蜘蛛丝是世界上最细的天然丝线，但每一根细细的蛛丝是由六股蛛丝构成的。一张看似不起眼的蜘蛛网是由六千多条细丝合并成的。

尽管蛛丝如此细，但很坚韧，它能够捆住昆虫，承受露珠和灰尘。一直以来，很多科学家都在研究蛛丝的成分，以些来为人类造福。

蛛丝是由蜘蛛的身体产生的，常见的蚕也会吐丝，可蜘蛛和蚕有很大的不同，蚕丝是从口中吐出来的，蛛丝却不是从蜘蛛的嘴里吐出来的，而是从身体表面产生的。蜘蛛的腹部末端有三对突起的“纺（fǎng）绩（jì）器”，顶上有很多细孔，这些细孔与腹部里面的许多小丝腺（xiàn）相通，这些小丝腺里含丝液。这种丝液由“纺绩器”顶上的细孔流出，一遇到空气，即刻硬化，变成一条条细丝。

蜘蛛的种类很多，织出的网的样式各不相同，但整体而言，都是一种网的形状，即由一个中心点四散开来。从表面看，网的形状很不整齐，有的好像一团乱丝，不过细细去看，每一条线与线之间的距离都是相等的，线线之间井然有序，绝无错乱。

蜘蛛网中最为常见呈八卦形，它们被织得非常精美。在织网的时候，它会先搭个框架，然后再由点到线，由线到面，最后结成一张蜘蛛网。

这种蜘蛛网可以成功地帮助蜘蛛躲避天敌，蟾蜍、蛙、蜥蜴等生活在陆地上的动物，根本够不到蜘蛛。另外，蜈蚣、蜜蜂一旦爬到这张网上，就会被紧紧缠住，动弹不了，不但吃不到蜘蛛，反而变成了蜘蛛口中的美食。

另外，蜘蛛网的形状对于当今一些城市改变交通拥堵问题具有很大的借鉴意义。

听了爸爸的讲述之后，洋洋说："蜘蛛网是什么材料做的？我能不能也做一个？"

爸爸笑了，说："到目前为止，蜘蛛网的材料，科学家还没有研究出来。你要好好学习，争取以后能够解决这个问题。"

安全小课堂

场景：

小刚的家门口不远处有棵树，不知道什么时候，有一只蜘蛛依着小刚家结了一张蜘蛛网。小刚不想破坏蜘蛛辛苦结的网，但又担心蜘蛛会不会咬人？也担心蜘蛛网会不会有毒？

安全法则：

一般来说，我国境内常见的蜘蛛网和蜘蛛都是没有毒的，但蜘蛛网及蜘蛛很可能会带有细菌。因此，生活中尽量不要去接触蜘蛛网和蜘蛛。如果出现了小刚这种情况，最好给蜘蛛换个环境。

数学小王子——抱团取暖的流浪猫

天气渐渐冷了，树叶慢慢变黄了，在户外散步的人也越来越少了。

前几天，洋洋在小区里发现了一只米黄色的流浪猫，是一只成年猫。洋洋经常从家里带食物出来喂流浪猫。他很想将这只流浪猫带回家里，可条件不允许。这两天晚上，流浪猫都睡在一个地井盖子上，这个井应该是和暖气相连的，所以井盖是温热的。洋洋担心天越来越冷，这只流浪猫会被冻死。

这天，洋洋在喂流浪猫时，正好遇到了妈妈：“妈妈，流浪猫能不能生存下去？它会不会冻死？”

妈妈说：“不用担心，猫的生存能力很强，而且很机警，除非有人存心加害，否则还是挺安全的。另外，你喂食流浪猫时不要和它太亲近，以免它对人类过份信任，失去戒备心，就很容易被坏人抓到。”

洋洋还是有些担心：“天气越来越冷，它不会被冻死吗？”

妈妈摇摇头："猫猫可是数学小王子，不会被冻死的。"

洋洋觉得很奇怪，猫猫是数学小王子?

妈妈回答说："对啊，它可是有名的数学小王子。你见过猫猫睡觉时的样子吗？"

洋洋想了想，说："我见过，有的时候是球形，有的时候是四仰八叉。"

妈妈说："猫睡觉时的姿势，可是大有讲究，这可是它保护自己的方法。"

安全课前小问题

聪明的小朋友，猫是生活中常见的一种动物，你仔细观察过猫睡觉时的样子吗？你知道它每一种睡觉姿势代表着什么吗？

猫是一种很常见的动物，如果你平时仔细观察，会发现猫的睡觉姿势很有意思，这其中可是大有文章。各种不同的睡觉姿势，可是猫自我保护的方法呢。

在气温较低的时候，猫通常会蜷起身体睡觉，这是因为它感觉冷。这种蜷（quán）起的身体，看起来像个不规则的椭（tuǒ）圆型，将头和脚都贴在腹部可以防止体温的流失。另外，猫的尾巴如果很长的话，它还会把尾巴当做围巾盖在身体上，这样它们会感到非常暖和。

当气温降到零下15度时，它睡觉时会紧紧地蜷成一团。这种睡觉姿势就是个球形了，这是在体积不变的情况下，增加身体相互重合的部分。因为球形使得身体的表面积最小，从而散发的热量也最少，这样猫身上的热量就不容易散发出去。因此，通过减少暴露在外面的表面积，也就是减少受寒面积，散发的热量也会减少，从而起到防寒保温的作用。

如果气温略有上升的话，猫那原本紧紧地缩在一起的身体会变得稍稍放松一些。如果气温继续上升变得很热的话，那么猫就会将全身伸展开，四仰八叉地躺着睡觉。

听完之后，洋洋大吃一惊，“原来猫还懂这么多的知识呢。”

妈妈笑着说：“是啊，我们家里用的日光灯，里面的钨（wū）丝是螺（luó）旋状就是从猫身上学到的知识，因为螺旋状减小了钨丝的体积，能更好地保存热量，使热量不易散失。”

洋洋说：“我一定要好好学习，去获取更多的知识。”

安全小课堂

场景：

小明在小区里发现了一只流浪猫，就把家里之前养猫剩下的猫粮和罐头带下来喂流浪猫。在喂食的过程中，他想逗逗小猫，结果手被抓了一下，还出了点血。这种情况下，小明该怎么办?

安全法则：

如果手被流浪猫或者流浪狗抓伤，要立即用酒精消毒，不可马虎。如果有必要，最好是去医院打狂犬疫（yì）苗。另外，流浪猫、流浪狗身上经常携（xié）带各种细菌，在喂食的过程中，不要去逗它，这很容易激怒它，也不要去抚摸它，防止病菌感染。目前我国还没有一部完备的《动物保护法》，还不能从根本上解决流浪猫、流浪狗的问题。

淘气娃儿——越冷越要脱衣服

小明和爸爸玩脑筋急转弯，爸爸问："小花特别淘气，天气越冷越脱衣服，为什么？"

小明想了想，回答说："他要上床睡觉了。"

爸爸摇了摇头。

小明继续猜："他要脱衣服洗澡了。"

爸爸继续摇头。

小明回答说："那我就不知道了！"

这个时候，爸爸开始耐心地给小明作讲解，小花其实是一棵杨树的名字，冬天到来的时候，要脱衣服，而且越冷脱得越多。

安全课前小问题

聪明的小朋友，你知道天气冷的时候，树叶为什么要脱落吗？冬天的时候，当我们活动的时候出汗了，回到有暖气的教室或家里时，能立即脱去衣服吗？

在寒冷的冬天，你会穿短袖短裆外出吗？一定不会，那样你会把自己冻坏的，所以你会穿上棉衣棉裤等，才能安安全全暖暖和和地过冬。这是我们人类保护自己的一种方法。

植物也不例外，它和我们人类一样，如果不能保护自己，就不能生存下去。可在寒冷的冬天，植物不仅不穿棉衣过冬，还会把所有的“衣服”都脱掉，一丝不挂地过冬。比如，我们常见的杨树，天气越冷，杨树反而越要“脱衣服”，直到把树叶都“脱光”了为止。这是为什么呢？难道杨树不怕冷吗？

其实，在天气变冷的时候，杨树把自己“脱”得光光的，一片叶子也不剩，这是在保护自己。

在我国，每到秋季，气温就会降低，雨水也会减少，这使得杨树的根部吸收作用降低，杨树得到的水分就会大减。而杨树的叶子如果继续保留，就会继续蒸发水分。这样一来，得到的水分大减，而蒸发水分不变，就会威胁杨树的生存。因此，杨树“脱衣服”，把叶子全部脱落，是为了保护自己。当度过寒冷与干旱之后，新的叶片便会长出。

那么杨树是如何把叶子全部脱落的呢？

从很早开始，植物学家就认真研究，他们认为，杨树等植物之所以会落叶，和人类的衰老是同样的道理。但这种说法并不能说明所有的问题。

后来研究发现，在树叶脱落的过程中，叶子中蛋白质含量显著下降，导致叶片的光合作用能力降低，进而衰老。叶子在衰老时叶绿体被破坏，这些叶片的变化过程就是衰老的基础，叶片衰老的最终结果就是落叶。

当然，你可能会问，为什么很多植物的落叶都发生在秋天，而不是夏天或者春天呢？

这是因为影响植物落叶的条件是阳光的照射程度。例如，如果我们用心观察，就会发现秋天的时候，一些靠近路灯的大树，树叶的脱落速度明显低于远离路灯的大树。

植物学家经过研究发现，增加植物的光照时间可以延缓树叶的脱落，也就是说，秋天来临的时候，日照时间开始变短，树叶就会开始变黄直至脱落。

植物学家经过深入研究，终于发现了能够控制树叶脱落的化学物质，这种化学物质的名称叫脱落酸，脱落酸能够明显地促进落叶。也就是说，当不希望

树叶脱落时，只需要采取一些科学的手段降低脱落酸的含量，即增加赤霉素的含量，就可以达到目的。当然，如果希望树叶尽快脱落，只需要采取科学的手段，增加脱落酸的含量，目的也就达到了。

在新疆一些地区，由于土地面积广阔，人烟稀少，当地广泛种植棉花。到了收割的季节，只能采取机器采摘，在机器采摘的过程中，棉花的叶片和苞片会同时混进棉花中，严重影响了棉花的质量。

此时，脱落酸就起了重要的作用。在收割以前，人们会对棉花进行脱落酸的喷洒，让棉花的叶片和苞片完全脱落，这样在机器采摘的过程中，就保证了棉花的质量。

小明听完了爸爸的讲述之后，高兴地说："我又学到了新知识。"

安全小课堂

场景：

冬天，课间休息时，李强和同学们嬉戏玩闹，出了汗。上课铃响时，李强回到有暖气的教室时，感觉到热，就立即把棉衣脱掉了，可很快，他就感冒了。

安全法则：

冬天我们在室外活动出汗时，回到有暖气的屋子时，不要立即把棉衣或羽绒服脱掉，这样很容易感冒。因为室内的温度一般在20℃左右。而刚运动完，体温比较高，身体毛孔处于张开状态。如果一进到屋子里就把棉衣脱掉，就等于热身体进入了冷环境，很容易因受寒而诱发感冒。

爆炸头——风滚草的时髦发型

星期一的下午，妈妈接小明放学，小明对妈妈说了一个特别有意思的事情。

小明说："妈妈，我们班的王超，他爸爸给他剪了一个特别酷的发型——爆炸头，特别酷，特别帅，看起来就像被大炮轰过一样。"

妈妈听了之后，笑了，说："作为学生，发型最好简单朴素，阳光自然，花里胡哨不好。"

小明点点头："班主任也是这么说的，还给他的发型取了个名字，叫风滚草！对了，妈妈，风滚草是什么草？"

妈妈回答说："风滚草是一种植物，又称'流浪汉'，能卷成一个圆球，刮风的时候，就会在地面上打滚，能够滚出几千米远呢。"

小明觉得很奇怪，问："风滚草是长在泥土里的，怎么会滚呢？"

妈妈回答说："这是风滚草保护自己的方式。"

安全课前小问题

聪明的小朋友，你知道风滚草吗？你知道它是如何离开泥土借助风力滚动的吗？风滚草喜欢在泥巴上滚来滚去，很多小朋友也喜欢玩泥巴，可你知道在玩泥巴的时候，如何才是安全的吗？

当你去北美洲大草原上游玩时，就会发现有很多很多的小草球在草原上滚来滚去，这就是我们要说到的风滚草。

风滚草，是戈壁的一种常见的植物，在发芽之后，它会长出很多的新枝，密密麻麻的，远远看上去，像我们吃饭的碗一样。它会开出淡紫色的花，在荒芜的戈壁上，特别好看。

风滚草的生命力特别顽强，戈壁上很少下雨，可只要有一点的雨水，它密密麻麻的根就会拼命地吸水，储存起来，供自己生长需要。

风滚草为了防止动物的啃食，它的茎和叶子会长满了小刺，这样就可以保护自己而不被啃食。

它最令人惊奇的地方，就是它传播种子的方式了。

当开花过后，它就会长出很多种子，这些种子用来繁殖，可它如何让种子离开自己，找到适合生存的地方呢?

每年秋天的时候，它的种子就渐渐成熟了，这个时候，它的枝条就会慢慢地向内弯曲，原先碗形状的风滚草就会慢慢变成一个圆球，圆球也会慢慢与它的根脱离，在地面上静静地做好准备，准备风的到来。

秋天的戈壁，非常容易刮风。只要秋风一吹，风滚草就像踩着风火轮一样，在地面上打起滚来，并随着风一直滚来滚去，近的可以滚出几百米，远的滚出几千米，甚至几十千米。

在随风滚动的过程中，成熟的种子不断地洒落在经过的地方，它就是以这种神奇的方式来延续生命。

可能你会担心，当风滚草滚动的时候，它的种子会一下子全部撒播开来。这一点，聪明的风滚草当然也会考虑到。为了防止种子一下子全部撒播开来，它可是做好了充足的准备。

如果你仔细观察，你会发现，变成圆球的风滚草，只有一个开口处，而且开口处长满了秘密的绒毛，这样就可以避免种子一下子撒播出来。

风滚草滚动过程中与地面不断发生碰撞，种子也不断掉出几粒来，就好比一架天然播种机，经过滚动，种子就散布在广阔的草原和沙漠中。

安全小课堂

场景：

雨天过后，小冰到花坛边上玩泥巴，却被妈妈阻止了，妈妈的理由是泥土脏，会传染细菌，小冰只好放弃了。

现在的小朋友，特别是城市里那些被钢筋混泥土包围的孩子们，玩的都是玩具，跟泥巴接触得少得可怜，更不用说去玩了，即便是想玩，也会被家长以脏、易传染细菌的理由拒绝。

安全法则：

教育学家已经证明，孩子玩泥巴，那是天性。

首先，孩子通过玩泥土可以满足好奇心，增强动手能力、想象能力和配合意识。

其次，比起过分干净、一味讲究卫生，适当地脏一点，不但对情绪有好处，而且对提高孩子们的抵抗力也有好处。这样有利于他们与细菌和病毒作斗争，提高了免疫力，预防各种疾病。

当然，小朋友在玩完泥巴后往往变成小花脸，手和衣服上也会沾上不少泥土，这些泥土确实含有大量细菌。因此，在玩泥巴时，小朋友要记住，千万不要用手直接揉眼睛，因为这会使泥沙和细菌进入眼中。除此之外，玩泥巴后，要用除菌皂把手洗干净。

小设计师——绝顶聪明的小蜜蜂

暑假的时候，洋洋去乡下爷爷奶奶家度假。经过一个暑假的锻炼，洋洋认识了很多在城市里无法看到的花鸟鱼虫，每天都过的很开心。

最让他惊奇的是蜜蜂，在距离爷爷家一千米的地方，有一个养蜂人和爷爷是好朋友。两人经常来往，对方给爷爷送了一瓶蜂蜜作为礼物。蜂蜜的味道香甜，可以补充人体必需的十几种维生素。

在接触中，洋洋对蜜蜂产生了浓厚的兴趣，但又担心被蛰（zhé）到，只敢远远地看。

暑假快结束的时候，爸爸接洋洋回去上学，洋洋将自己学到的知识告诉了爸爸。

关于蜜蜂，洋洋一直有个小问题被困扰着，趁着这个机会，他决定向爸爸求助。

洋洋问："爸爸，蜜蜂那么多，蜂箱那么小，怎么住得下呢？再说，它们在里面怎么保护自己？"

爸爸笑着说："这就是蜜蜂的聪明之处，它们可是天才设计师。它们在小小的蜂箱里，不仅不拥挤，还住的很舒服，保护自己就太容易了。"

安全课前小问题

聪明的小朋友，小蜜蜂可是世界上最令人敬佩的设计专家，能够用最少材料，设计并建造最大最牢固的房子，是不是觉得不可思议？

生活中，如果你足够细心，就会发现蜜蜂的巢（cháo）房是由一个个正六角形的中空柱形状的单间房组成，房口全朝下或朝向一边、背对背对称排列。正六角形房室之间相互平行，每一间房室大小统一、上下左右距离相等；蜂房直径约0.5厘米，房与房之间紧密相连，整齐有序，都是以中间为基础向两侧水平展开。

蜜蜂的巢房整体上，从房室底部至开口处有精确的13度的仰角，这可以有效地防止蜂蜜的流出。除了这个功能之外，当气候炎热、蜂巢内温度升高时，13度的仰角可以恰到好处地帮助工蜂在蜂巢入口的地方，鼓动翅膀扇风，使巢内的空气流通，因而变得凉爽。13度角是恰到好处的角度，完全符合空气流动规律。另一侧的房室底部与这一面的底部又相互接合，由三个全等的菱（líng）形组成。

19世纪初，瑞士数学家塞莫尔经过十几年的研究，发现正六角柱中，底部由三个全等菱形组成，最省材料的做法是，菱形两邻角分别是109度26分和70度34分，即在固定容积下，有最小表面积。而蜜蜂巢室底部的菱形的两个邻角分别是109度28分和70度32分，和塞莫尔的理论证明结果仅差2分而已。

此外，巢房的每间房室的六面隔墙宽度完全相同，两墙之间所夹的角度正好是120度，形成一个完美的几何图形。

蜜蜂的巢房为什么要设计成正六角形，而不是正方形或者其他形状呢?

科学家们研究发现，正六角形的建筑结构，密合度最高、所需材料最少、

可使用空间最大，一个不大的巢房，可容纳上万只的蜜蜂居住。除此之外，正六角形的各方受力大小均等，容易将受力分散，避免压垮巢房。

蜜蜂的巢房呈现的正六角形的蜂巢结构，展现出惊人的数学才华，令许多建筑设计师们自叹不如。

百余年来，许多的建筑设计专家一直在潜（qián）心研究蜂巢的设计特点，以帮助人类建造出最适合人类居住的房屋。在蜂巢结构的启示下，人们创造性地采用各种蜂窝结构技术和产品，它们具有结构稳定、用料省、覆盖面广、强度高和重量轻等众多优点。

例如，在移动电话通信领域，按蜂窝结构设置基站的位置，能以最少的投资覆盖最大的区域，并使机站内的手机获得最好的通信信号。以蜜蜂巢房结构为基础的蜂窝技术已被广泛用于航空、航天、通信、建筑等领域，并越来越被人们所重视。

安全小课堂

场景：

不知道什么时候，马蜂在小区的车棚里筑了窝，这可苦了很多业主。经常有人不小心被马蜂蛰到。这天，小胖从车棚边走过，眼睛被蛰了一下，很快就肿了。这种情况下，应该怎么办?

安全法则：

马蜂和蜜蜂在生活中都很常见。如果不小心被蛰了，伤口会火辣辣地疼，而且很快会红肿。此时，应马上涂抹一些碱（jiǎn）水，可以止痛。如果当时有洋葱，将洋葱洗净后切片在伤口上涂抹，也能消肿止痛。如果感觉到头晕，则要立即就医。

如果看到马蜂窝，不要轻易去碰，如果必要，可以报警，让警察叔叔来处理。

飞行大军——喜欢偷懒的丹顶鹤

星期六的时候，洋洋和爸爸一起去动物园看新来的客人——丹顶鹤。洋洋被美丽的丹顶鹤深深吸引，徘（pái）徊（huái）在观赏丹顶鹤的区域，迟迟不愿意离开。

爸爸问："洋洋，为什么这么喜欢丹顶鹤？"

洋洋抬起头，忧伤地说道："王老师曾经和我们讲过一个故事，说有一个小女孩，为了救一只丹顶鹤，结果滑进沼泽池，离开了人世。"

爸爸说："那个女孩非常坚强，但她的离开，唤醒了人们保护生态环境的意识，女孩的离开很感人，很有价值。"

洋洋说："我听王老师说，丹顶鹤每年还会有一次长途飞行？它们好辛苦。"

爸爸说："是的，它们是为了繁殖（zhí）。不过不用担心，丹顶鹤在飞行中，有很好的方法保护自己，这样它们就不会飞得太辛苦。"

洋洋好奇地问："什么方法？"

爸爸说："飞行中，它们会掌握一个精确的角度，这让它们飞的非常省力但它们的飞行角度还是未解之谜。"

安全课前小问题

聪明的小朋友，你见过飞行的丹顶鹤吗？它们飞行的时候，会排成一个"人"字形，是一道很美丽的风景。这个角度是如何节省体力的呢？很多小朋友都喜欢玩荡秋千，像丹顶鹤一样，在空中飞来飞去，荡秋千的摆动角度是多少才安全又省力呢？

丹顶鹤作为长寿的象征，其繁殖地点在中国的长江下游的江苏盐城，三江平原的松嫩平原，在云南也有少量野生种群分布，主要生活在沼泽地中。

丹顶鹤每年要在繁殖地和越冬地之间迁徙，在迁徙的过程中，总是成群结队地迁飞，排成一个"人"字形，形成一道美丽的风景。

它们飞行的角度引起了很多人的好奇，丹顶鹤以"人"字形往前飞，排列得非常整齐，动作非常协调，令人叹为观止。更为有趣的是，"人"字形的角度永远保持110度，人字夹角的一半，即每一边与鹤群前进的方向的夹角度数为55度44分8秒，这个角度与世界上最坚硬的物质——金刚石的结晶体的角度完全吻合！

这两种截然不同的东西，在角度上却达到了惊人的一致，且一致到角度的最小值。这两者的一致究竟是巧合，还是大自然的某种默契（qì）？

很多科学家都在致力研究，但却一直没有找到能够说服众人的理由。

对于丹顶鹤飞行的角度为110度，科学家经过研究，得出如下原因：

一、丹顶鹤保持这种"人"字形状的飞行，可以让丹顶鹤利用彼此间的翅膀在摆动时所产生的上升气流，从而增加滑翔时间，节约体能；

二、“人”字的编队能够增进鸟与鸟之间的交流，领头鸟发出的有关信息和命令可以畅通无阻，准确、迅速、方便地传达给这个迁飞集体中的每一个成员；

三、这种编队有利于及时发现因体力不支而掉队的伙伴，使年幼的、体弱的、生病的同伴得到大家的帮助和鼓励。

站在动物的本能角度考虑，“人”字形的队伍不但充满美感，而且很神秘，能够给天敌以一种威慑（shè）力量，使其望而生畏而不敢发起进攻，确保迁飞的安全。

大自然中，除了丹顶鹤，大雁的飞行形状同样是摆出“人”字形，还会摆出“一”字形，这同样可以从飞行过程中产生的空气动力学进行解释，这两种形状的飞行要比具有同样能量而单独飞行的大雁多飞70%的路程。

但是，大雁的角度却没有丹顶鹤的形状美观，具体的原因，还没有一致的结论。

洋洋听了之后，露出惊讶的表情，说：“原来丹顶鹤身上还有这样的秘密。”

爸爸说：“大自然中的奥秘太多太多了，你一定要努力学习，争取解开更多的秘密。”

安全小课堂

场景：

晴晴在公园里荡秋千，由于爸爸推的时候用力过猛，差点让晴晴从上面摔下来。还有一次，有个小朋友站在边上，差点和秋千上的晴晴撞在一起，究竟秋千怎么玩才更安全，推的人也更省力呢？

安全法则：

荡秋千时，小朋友要坐在秋千中间，不能站着或跪着。荡的时候，两只手要紧紧握着秋千的绳，荡完后，要等秋千完全停止后再下来。另外，旁边的人应和荡秋千的人保持一段安全距离，不要在正在荡漾的秋千周围跑动或走动，以免发生危险。

另外，秋千最安全和最省力的摆动角度是70度，这样既能体会到荡秋千的乐趣，也不会出现安全问题。

学好数学——动物的保护伞

楼下的邻居王叔叔买了一只鹦（yīng）鹉（wǔ），挂在窗台上。洋洋每天放学的时候，都会和小伙伴逗那只聪明的鹦鹉。在王叔叔的培训下，鹦鹉慢慢地能够说一些简单的单词，比如“你好”等。

有一天，洋洋和妈妈一起回家，又看到了那只鹦鹉，洋洋很远就冲鹦鹉打招呼：“你好！”洋洋以鹦鹉的口吻说。

鹦鹉也冲洋洋说了一句：“你好。”

这让洋洋高兴了好半天。

洋洋说：“鹦鹉是不是世界上最聪明的鸟类？”

妈妈回答说：“我也不知道，但是我知道在大自然中，有很多动物都很聪明，都懂数学，而且能够用数学保护自己。”

妈妈的话吊起了洋洋的好奇心。

安全课前小问题

聪明的小朋友，这听起来有些不可思议。动物依靠数学来保护自己，它们是如何做到的呢？

根据动物学家研究发现，在大自然中，有很多动物都识数，而且能通过数学保护自己，或者让自己处于安全的环境，其中蚂蚁就是如此。

蚂蚁的计数本领在自然界动物中是最强的，甚至从某种程度上要超过人类的计算水平。在搬运食物的过程中，蚂蚁对食物的质量和自身的数量把握得非常精确，其数量之精确令人叫绝。

除了蚂蚁之外，广泛分布在中国东北、内蒙古的田凫（fú）也是一种能识数的动物。曾经有人做过实验，在田凫面前放3只小盘子，每只盘子中都放着它爱吃的小虫子，分别是1条、2条和3条。经过测试发现，很多时候，田凫都是先吃2条的，偶尔也会选择先吃3条的，但从来不先吃1条的。这说明，田凫知道2比1多，只吃2条的，说明田凫大概只能数到2。

生活中常见的鸽子，对数字的认识也让人吃惊。有人对鸽子做了一项实验：喂食玉米的时候，一粒一粒喂给它吃，每次都只喂7粒。突然在地上撒给

它8粒玉米，它居然不吃。这说明鸽子能识数，但只能数到7。

乌鸦也有简单的识数能力。曾经有科学家做过实验，在乌鸦的窝下面做了这个实验：

在乌鸦窝的下面搭一个草棚，让8个人分别扮演成猎人，一一走到棚子里面去。乌鸦看到有人到了下面的棚子了，就飞到大树上躲起来。8个猎人当着乌鸦的面一一走到对面的草棚里休息，过了一会走掉一个猎人，乌鸦不飞下来；又走掉一个猎人，乌鸦仍不飞下来；走掉7个猎人后，乌鸦就从大树上飞了下来。可能是它以为猎人全走了，可见乌鸦可以数到7。

除了这几种动物之外，松鼠也是一种识数的动物。动物学家发现松鼠在越冬之前要贮存食品，它将许多松果藏在不同的地方。可是以后它找到其中的六七堆之后，别的地方就不再找了。可能松鼠只能数到7。

经过研究发现，动物识数的本能是出于自我保护意识，而且大多数只能简单地识别到不足7，这和动物的生存环境有某种关联，只是至今还没有科学的解释。

洋洋说："那马戏团里的小猫小狗都能进行简单的加减乘除，可比这些乌鸦、松鼠聪明多了。"

妈妈笑着说："马戏团里，那些能进行运算的小猫小狗，是在饲养员的培训下，那些小动物只是条件反射，并不是真正地能进行加减运算。"

安全小课堂

场景：

周六的下午，二胖在人民广场右侧的人行道上，看到一名身着迷彩服的耍猴人正在跟3只猴子以对打的方式表演。二胖赶紧凑前去观看，由于靠的太近，差点被表演的猴子挠伤。

安全法则：

“耍猴”是中国传统的艺术，但因为场地问题，屡屡出现安全问题。在观看类似表演时，要保持距离，不可近观。因为猴子身上可能携带狂犬病毒或者其他病毒，若不小心被猴挠伤，有可能会传染人。

第2章　肤色装备——救命的色彩专家

动物的皮肤色，是动物保护自己的一大法宝。生活在沙漠里的动物，它们的身上大多数都有微黄的“沙子”色，比如骆驼、小沙鼠；生活在雪地里的动物，它们的身上大多数都有白白的“雪”色，比如北极熊、海燕。

聪明的小朋友，你知道斑马身上的条纹有什么作用吗？

你知道变色龙的秘密吗？

你知道海兔是如何保护自己的吗？

你知道螳螂是怎么样躲避天敌的吗？

你知道……

今天，就带你学习动物的保护色知识，让你一一解开这个难题。

斑马库巴——黑白条纹护身符

洋洋的爸爸从南非出差回来，给他带了一部非常好看的动画片《斑马库巴》，洋洋非常高兴。动画片讲述的是在美丽的非洲大草原上，斑马们过着幸福的生活。在大家期待的眼神下，小斑马库巴降生了。然而库巴只有半身条纹，这引起了大家的议论和恐慌，认为它是不详的征兆。果然，不久之后，草原遭遇前所未有的大旱，斑马族赖以生存的水源干涸（hé）。大家纷纷把这件事怪罪到库巴头上，认为是它带来了这一切。不堪忍受的库巴决定离开族群，去寻找传说中赐予斑马条纹的圣水源头，希望能够找回遗失的条纹，变得跟大家一样。

在寻找圣水源头的路途中，库巴不仅结识了很多新朋友，如活泼的羚羊、

乐观的鸵鸟，还勇敢地跟邪恶的猎豹作斗争，并最终战胜了它。在探险的过程中，库巴渐渐明白世上不仅有黑色和白色，还有组成世界的其他各种各样的颜色，从而慢慢打开心结，接受了自己的与众不同。

看完这部动画片之后，洋洋突然想到了一个问题，他问："妈妈，马路上的斑马线是不是就是库巴身上的黑白条纹？"

安全课前小问题

聪明的小朋友，你知道斑马身上的条纹是怎么回事吗？你知道斑马线的由来吗？你知道斑马线上的交通法则吗？你知道如何在斑马线上保护自己吗？

在动物园中，我们能够看到斑马身上有黑白相间的条纹，你可别小看它，它可是斑马的"护身符"，帮助斑马克服强敌。它的存在有两个好处：

1.斑马身上的黑白条纹在太阳光或者月光的照射下，吸收和反射的光线各不相同，这样可以使斑马具备"隐身术"，它的身体轮廓（kuò）变得模糊起来。当狮子、猎豹、老虎靠近时它们很难将它同周围环境分辨开来，斑马也就不容易被猛兽发现了。

2.斑马身上的条纹可以帮助它抵御蝇子的叮咬。蝇子是一种传播病菌的有害昆虫，它依靠吸动物的血液来生存，经常叮咬马、羚羊和其他草原动物。一旦被叮咬，这些动物就会无精打采，有可能被传染疾病，甚至死亡。而斑马却很少被骚扰。这是因为黑白条纹会使蝇子眼花缭乱，从而自动飞走。

经过动物学家研究发现，斑马的斑纹是在漫长的自然选择中逐渐形成的。那些条纹不太明显的斑马，容易暴露目标，便先后成了猛兽的腹中之物。而条纹明显的斑马，由于适应环境，最终生存了下来。

平时我们看到的斑马，条纹都差不多。但是如果你仔细观察，你会发现没有两只斑马的条纹是相同的。这是因为，在胚（pēi）胎发育的过程中，由于斑马身体各部分伸展扩大的程度不同，生下来的小斑马身上的条纹便宽窄不一，不是完全一样了。

在十字路口的交叉处，我们经常能看到一条条的白线，这就是斑马线。关于斑马线的由来，最早要追溯到古罗马时期。古罗马繁荣时期，庞贝城的一些街道上，马车和行人交叉行驶，互不相让，经常使市内交通堵塞，还不断发生事故。

古罗马政府为了防止拥堵发生，便将人行道与马车道分开，把人行道加高，还在靠近马路口的地方砌起一块块高出路面的石头，当时称为跳石，作为指示行人过街的标志。

这样之后，行人就可以踩着这些跳石，慢慢走过马路。马车运行时，跳石刚好在马车的两个轮子中间，也不妨碍马车的通行。

这种方法一直持续到19世纪末期，随着工业革命的发展，汽车越来越多，过往的那种跳石已无法避免交通事故的频（pín）频发生。后来，英国人在街道上设计出了一种横格状的人行横道线，规定路人横过街道时，只能走人行横道，于是伦敦街头出现了一道道赫（hè）然醒目的横线，看上去这些横线像斑马身上的白斑纹，因而人们称它为斑马线。

后来，交通部门又规定，驾车司机在看到这些斑马线时，一定要自动减速，让行人安全通过。由此，斑马线逐渐传播到世界各地。

明白了这些知识之后，洋洋高兴地说："我要好好学习这些知识，同时还要在班级里普及关于斑马线的知识，让更多的同学知道这些自我保护的知识。"

安全小课堂

场景：

在大街上，我们会发现有些人过马路不习惯走斑马线，而是采取就近原则，只要是有路可以通过就直走，根本不在乎斑马线在哪，也有些行人为了图方便、图省事，即使斑马线就在十米开外，也视而不见，随意横穿。

安全法则：

类似这种现象在生活中很常见，这些都是很危险的情况。聪明的小朋友，一定要学会过马路走斑马线。斑马线是专门为行人准备的，来来往往的车辆看到我们从斑马线上过马路，会自觉放慢速度，这样我们就可以放心地过马路了。

神龙斗士——变色高手变色龙

洋洋放学回到家，刚放下书包，就对正在厨房里忙碌的爸爸说：“爸爸，我给你讲个谜语你来猜。这个谜语是今天的兴趣课上，老师给我们讲的。”

爸爸点点头，说：“你讲吧，我肯定能给你猜出来。”

洋洋清了清嗓子，一本正经地说：“叫龙不是龙，其实是爬虫。狡猾诡（guǐ）计多，换衣来隐形。”

爸爸想了想，说："我猜谜底是变色龙。"

洋洋点点头，说："你猜对了！可是你知道变色龙是如何变色的吗？"

爸爸摇了摇头。接下来，洋洋将自己在课堂上学到的关于变色龙的知识完完整整地告诉了爸爸。

安全课前小问题

聪明的小朋友，你知道变色龙如何变色的吗？它为什么要改变身体的颜色呢？是为了保护自己还是为了捕食猎物？

在大自然中，很多种动物都有自己的一技之长，用以在发生危险时进行自我保护，例如乌贼、牛蛙、彩色蜗牛等，它们的技能就是在遇到危险时，通过改变身体的颜色来获得逃生的机会。但最善于通过改变身体颜色而逃命的动物，要数被人们称为"伪装之王"的变色龙了。

变色龙的学名叫避役，是爬行动物，主要分布在非洲大陆和马达加斯加。变色龙身体长为20~28厘米，身体侧扁，背部有脊（jǐ）椎（zhuī），头上的枕部有钝（dùn）三角形突起。它的眼睛很有特点，眼皮很厚，呈圆弧形，眼球突出，能够左右延伸180度，上下左右转动自如，而且左右眼可以各自单独活动、不协调一致，这种现象在动物中是极为罕见的。这种奇特的生理构造，让它的视野非常发达，两只眼睛能够各自分工前后注视，既有利于捕食，又能及时发现后面的敌害。

变色龙最大的特点是皮肤会随着温度及生活环境的变化而改变。动物学家研究发现，清晨时变色龙的身体是暗绿色，中午阳光直射时会变得黝（yǒu）黑发亮，在温暖而不透光的环境中身披绿装，在深夜温度降低时就会变成浅灰色。变色龙能够根据不同的温度改变自己的体色，这样，敌人就很难发现它，

猎物却往往因为无法察觉它而错过。

除了温度，它的生活环境也影响着身体颜色的变化，比如，当雄性变色龙面对领地被侵犯时，它身体的颜色会变成明亮色，用以警告对方。同样，当面对雌（cí）性异性时，它的体表会出现闪亮的红色斑点。当意欲挑起战争，发动攻击时，它的体色又会变得很暗。

一直以来，很多人认为变色龙能够变色，是在野外出于隐蔽（bì）自身的目的而进化出的特殊能力，更多人认为变色龙可以通过改变自身颜色完美地模拟它们所在环境的背景颜色。这些说法实际上并不完全正确。

经过动物学家的研究，发现变色龙变色取决于它皮肤上的两层色素细胞。与一般的动物不同的是，变色龙的身体表面皮肤下包含有两层颜色不同的色素细胞，而且处于上层的色素细胞就好像居家的百叶窗一样，具有可以扩张和收缩的功能。当上层色素细胞收缩的时候，就好像百叶窗被打开了，显出下层色素细胞的颜色；而当上层色素细胞扩张的时候，百叶窗关上了，我们只能够看到“百叶窗”的颜色，也就是上层色素细胞的颜色。如果我们明白了变色龙变色的原理，我们就不难知道实际上变色龙只有两种极端的颜色即上层色素细胞的颜色和下层色素细胞的颜色，这两种体色是固有且不可改变的。而他们千变

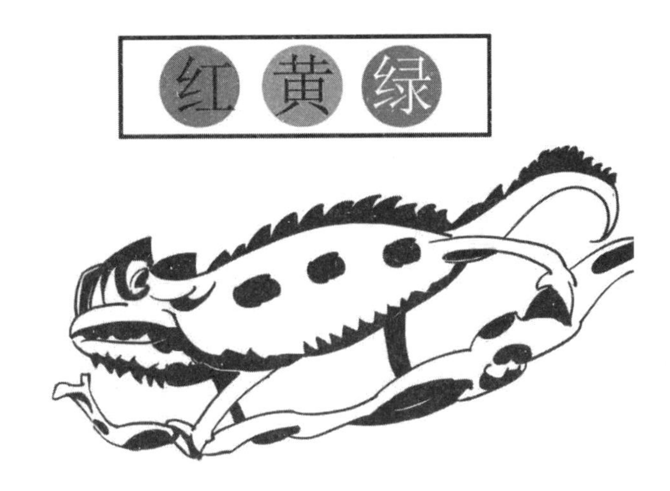

万化的体色实际上是“百叶窗”处于半开半闭时，即处于两种极端体色之间时所显现出的不同颜色组合而已。

洋洋将这些知识讲解完之后，高兴地对爸爸说：“现在你知道了吧？”

爸爸点点头，说：“看来我也要好好学习，不然就要落后了。”爸爸一边说话一边从厨房端出来香喷喷的饭菜，洋洋赶紧帮忙收拾了饭桌，准备吃饭。

安全小课堂

场景：

在穿过十字路口的时候，我们会发现红、黄、绿三种颜色的交通信号灯，红色代表停止前行，绿灯代表前行，黄灯代表减速慢行。这三种颜色的灯会不断转换颜色，指导行人前行。可总有一些人不看路灯，随便穿行，这是很危险的行为。

安全法则：

交通信号灯之所以用红黄绿三种颜色，是因为不论是白天，还是夜晚，这三个颜色最好识别、最好区分。红色灯的红光穿透力强，可以传很远，就算是雨雪天气，甚至大雾弥漫的天气也能看得很清楚。绿色除了容易识别外，它还象征着安全、和平。黄色是一种暖颜色，很柔和，能给人们一种减缓、放慢的缓冲效果。小朋友在通过马路的时候，一定要根据路灯的指示，这样才能避免交通事故。

隐身高手——穿着透明皮壳的海兔

星期六上午，洋洋写完作业，小舅带他去海洋馆。这一趟不仅增长了他的见识，而且体验了一次奇妙的“海洋之旅”。

一踏进海洋馆，洋洋便感觉被馆内凉爽的气氛所包围。呈现在洋洋面前的是一个椭圆形的大水池，上前一看，洋洋不禁被吓了一跳：池内卧着两只可怕的鳄鱼。

洋洋说：“这两只鳄鱼呆呆的，傻傻的，一点也不像电视里的那样凶残。”

小舅解释说：“可别小看这两只呆若木鸡、不动声色的家伙，它们可是国家二级保护动物，还和恐龙做过邻居呢！它们只是被驯（xùn）养了，不然它真的会和电视里一样，张牙舞爪、凶猛成性，一餐能吃一头水牛。”

再往前走，两三条很特殊的鱼儿映入眼帘，它们并不算大的身躯上花纹点点，五颜六色像穿着迷彩服一样。它们的头上突出着两对触角，像兔子的耳朵一样。游客少的时候，它们还警惕地把小脑袋露出水面，东张张、西望望，样子十分滑稽（jī）。

洋洋问：“小舅，这是什么？”

舅舅看了看，说：“这是海兔。”

“海兔？”洋洋觉得很奇怪，“它与上次我在爷爷家看到的兔子是同一个种类吗？”

海兔是海螺（luó）类的一种，虽然被海洋生物学家冠以“兔子”的头衔（xián），但它与陆地上的兔子大不相同。首先，海兔不是脊椎动物，而是生活在热带和亚热带浅海里的一种软体动物；其次，它与蚝（háo）、蚌（bàng）等海洋贝壳类动物是近亲，但其外形却有些像乌贼。

根据动物学家的研究发现，海兔在长期的进化过程中，它的贝壳由于长期不用，久而久之就退化了，留下的只是一片薄薄的透明角质层。在海洋中，海兔既不会跑，也不会跳，只会像海龟那样慢慢地爬行。

洋洋问："海洋里有凶猛的大鲨鱼，海兔这种弱小的动物是如何生存下来的?

安全课前小问题

聪明的小朋友，你能回答洋洋的问题吗?海兔没有尖锐的牙齿，不会跑也不会跳，而且行动速度如此缓慢，在危机重重的海洋中，是如何生存下来的呢?

在美丽且危机重重的海洋世界里，身体柔软的海兔很容易受到侵害。为了保护自己，在长期的进化中，它早已经练就了一身特殊的御敌本领：超强的隐身能力。

它超强的隐身能力，借助的是它的"隐形衣"。这件"隐形衣"就是它身上的迷彩服。它身穿的"隐形衣"使得它爬到什么环境里都能跟环境融为一体，随机应变。它在绿藻（zǎo）丛中体成绿色，在红藻丛中变成红色，在褐（hè）藻丛中又变成褐色，在五颜六色的珊瑚礁里，又与五颜六色的珊（shān）瑚（hú）

混为一体，就像穿了隐形衣一样，几乎达到彻底隐形的程度。

当然，隐形衣并不是万能的，当它露出破绽，被天敌发现时，它还有另一项绝技——麻醉针及烟幕弹。

海兔柔软的身体里，藏着两种腺（xiàn）体，分别能分泌（mì）出带有毒素的和紫色的液体。毒素可使天敌神经瞬间麻醉而失去攻击力，紫色的液体在海洋中就像“烟幕弹”一样。在一大片带有毒性的紫色烟幕的掩护下，海兔可以趁机逃走，避免天敌的伤害。

听完小舅的精彩讲述之后，洋洋高兴地说：“我今天又学到了新知识。”

在海洋馆里，洋洋大开眼界，认识了色彩艳丽的红龙、青龙、娃娃鱼，还有像针一样的麦螺，造型奇特的玉米螺、银光闪闪的夜光螺……海洋馆的四周被各种各样的鱼所包围，洋洋仿佛也变成了一条鱼，在海底世界尽情地游弋（yì）……

安全小课堂

场景：

现在公路上的车辆越来越多，交通事故也越来越多。每当有交通事故发生时，总会有很多人站在公路上围观看热闹，完全不顾周围来来往往的车辆；甚至有过往的司机，擅自将车停在公路中间。事实上，在公路上围观和看热闹是非常危险的。电视和报纸上经常出现围观事故看热闹时发生连环车祸的新闻。

安全法则：

作为小朋友，在日常生活中，除了要做到遵守交通规则，不乱闯红灯，不乱翻栏杆，制止不文明的交通行为之外，还要做到遇到交通事故时，学会“隐身”。这个“隐身”并不是要视而不见听而不闻，而是要远离，不要上前围观。同时可以根据现场环境，提供必要的帮助，比如及时报警等。

游击战士——用环境保护自己的螳螂

今天，洋洋和爸爸妈妈来到了爷爷家，在爷爷的后院中，洋洋发现了一只螳（táng）螂（láng）。

螳螂的头是三角形的形状，头上长着两只大大的眼睛，两只前足就像是两把“大镰（lián）刀”一样，洋洋以前只在课本上见过。他连忙找来一根小木棍拨了拨它，螳螂的反应特别灵敏，像触电一样，突然跳起来，把绿翅膀用力张开，两只前足抬得很高，洋洋遭到了螳螂强有力的与攻击。洋洋又找了一只更长的木棍，准备擒住它。

这个时候，妈妈走过来，说：“洋洋，你捉这只螳螂做什么？”

洋洋说：“我想把它做成标本。开学的时候，我将它带到我们的自然科学馆，供同学们参观。”

妈妈说：“你想做一个标本，应该找一只死亡的螳螂。另外，你可别小看螳螂，它可是天生的伪装高手，特别擅长自我保护。”

安全课前小问题

聪明的小朋友，你知道螳螂为什么被称为伪装高手吗？在大自然中，它是如何进行自我保护的呢？

螳螂的周身是绿色的，身形十分矫健，能够快速穿行于狭窄的缝隙之中。螳螂以害虫为食物，能够捕食40余种害虫，例如蝇、蚊、蝗、蛾、蝶类及其

幼虫和裸露的蛹、蟋蟀等小型昆虫，还有蝉、飞蝗等大型昆虫。

它能够生活在不同的环境中，依靠环境保护色来保护自己。比如，生活在草丛中的螳螂，身体是绿色的；生活在树木上的螳螂，身体是褐色的；生活在兰花上的螳螂，身体颜色就接近兰花的颜色。

依靠环境保护色，它不易被发现，能够进行自我保护。

当然，螳螂能够在大自然中生存下来，除了天生的伪装高手之外，还依赖他那大刀似的两条多关节的长臂。

它的两条大长臂非常厉害，即使是昆虫世界中的跳高跳远冠军蝗虫，遇到螳螂也只有束手就擒的份。螳螂的两条大长臂给了人类很大的启发，很多科学家借鉴螳螂的双臂健壮有力的这个特点，发明了铁螳螂。

铁螳螂有着两条长而灵活的曲臂，可以从各个方向举起40公斤重的物品；借助着四只各自单独驱动的轮子，能够在高低不平的地方行走，甚至能够攀爬楼梯。铁螳螂广泛用于各种搬运物体的地方。

一些容易发生地震、房屋坍塌等非常危险的场所，是铁螳螂大显身手的地方，在那里，它可以用于抢救人员和搬运贵重物品。

除了有力的曲臂之外，见过螳螂的人，会发现它的曲臂上有两排尖利的锯齿，这些锯齿看起来非常像两排刀口，而且大腿和小腿上都生长着锯齿。

借助这个特点，科学家还发明了锯齿，广泛用于人类的生产和生活中。

尽管螳螂非常凶猛，可它建造的巢穴非常精致。螳螂的巢穴，在太阳光照耀的地方随处都可以找到，比如石头堆里、木头底下、破布下面。

关于螳螂的巢，体积大小约有一两寸长，不足一寸宽。它的颜色是金黄色的，样子很像一粒麦子。这种巢是由一种多沫的物质做成的。但是，不久以后，这种多沫的物质就逐渐变成固体了，而且慢慢地变硬了。如果燃烧一下这种物质，便会产生出一种像燃烧丝织品一样的气味。螳螂巢的形状各不相同。这主要是因为巢所附着的地点不同，因而巢随着地形的变化而变化，不同的地点会有不同形状的巢存在。但是，不管巢的形状多么千变万化，它的表面总是凸起的，这一点是不变的。

了解了这些知识之后，洋洋说："真是想不到，小小的螳螂都可以给人类那么大的启发。"

妈妈点点头说："只要你认真观察，身边有很多动物，它们的生存环境和特点都可以给人类带来启发。"

安全小课堂

场景：

为了保护同学们的安全，学校为每个同学都配备了一顶小黄帽，要求在上学、放学的路上佩戴。可很多时候，有些小朋友为了应付检查，只是在进出校门的时候带上小黄帽，其余的时间都拿在手中，或者挂在书包上，这是错误的行为。

安全法则：

头戴小黄帽，是交通安全标志，会对过往的司机产生视觉警示作用，过马路和行走安全系数都会增加。之所以佩戴黄色，因为黄色比较醒目，这样在路边行走或过马路的时候，司机叔叔才容易发现你。

红色警报——用色彩吓跑敌人的箭毒蛙

放学回到家里，洋洋放下书包，对妈妈说："妈妈，今天我不去练习羽毛球了。老师布置了一项作业，我要在明天上课之前完成它。"

洋洋一直非常喜欢羽毛球，将奥运冠军林丹视为偶像，今天居然主动提出不去练习，这让妈妈觉得很奇怪，"洋洋，你到底有什么作业这么重要？"

洋洋回答说："老师让我们查箭毒蛙的资料，并说出它在大自然中是如何保护自己的。"

妈妈说："我以前在网上看到过箭毒蛙，它是一种体型很小的动物，体型最小的只有1.5厘米，体型最大的还不足6厘米。"

洋洋问："这么小的动物，怎么生存下来的？"

妈妈摇摇头，说："我不清楚，你自己去查资料吧。"

安全课前小问题

聪明的小朋友，体型只有人类手指大小的箭毒蛙，是如何在险象环生的大自然中生存下来的？它到底有什么绝招呢？

箭毒蛙是动物世界中肤色最漂亮，外表最美丽的蛙类，整个身体颜色鲜艳，非常显眼，多为黑色与艳红、黄、橙、粉红、绿、蓝的结合，主要分布在巴西、圭（guī）亚那、智利等热带雨林中。

热带雨林危险重重，地形多变，低地平原、高原峡谷，各种复杂的地势交织在一起。林中潮湿闷热，光线暗淡，除了毒性极大的蚊、虫、兽、蚁外，还有瘴气和沼泽。箭毒蛙作为一种体型微小的动物，如何在其中生活?

现在，我们先看当地的一些风俗。

在很久以前，当地的印第安人，去打猎之前，都要在箭头上涂抹上一种液体，这种液体的毒性很强，不能直接用手触摸，要借助外物将液体涂抹在箭头上。被涂上液体的箭头威力非常大，一旦射中猎物，会使猎物立即死亡。涂抹在箭头上的液体，就来自箭毒蛙。印第安人在打猎之前，会用锋利的针把箭毒蛙刺死，然后放在火上烘，当蛙被烘热时，毒汁就从身体中渗出来。这时，印第安人就拿箭在箭毒蛙的身体上来回摩擦，毒箭就制成了。别小看这体型微小的箭毒蛙，一只箭毒蛙的毒汁，就可以涂抹五十支镖、箭，用这样的毒箭去射野兽，可以使猎物立即死亡。

体型微小的箭毒蛙，能够在危险重重的热带雨林中生存下来，就是依靠它身上的剧毒。茂密的热带雨林中，阴暗潮湿，这恰恰是箭毒蛙喜欢的生活环境。个子小小的箭毒蛙，算得上是热带雨林中天不怕、地不怕的小精灵。

在大自然中，其他的小动物都是把自己藏起来，躲在草丛中、树林间，惟恐敌人发现自己。可箭毒蛙从来不会躲躲藏藏地过日子，它们总是穿着色彩鲜艳的衣服，好象在向其他动物炫耀自己的衣服。

事实上，箭毒蛙的生存不是靠毒液，而是靠这身鲜艳的衣服。这身漂亮的衣服，是箭毒蛙的保护自己的“秘密武器”，这在自然界中叫做警戒色。大自然中，鲜艳的颜色是一种警告色。表明它是有毒的不能捕食，当毒蛇猛兽遇见后，就不会去捕食这种颜色的动物，从而达到了保护自己的目的。

经过动物学家的研究发现，箭毒蛙鲜艳的衣服下藏着无数小腺体，当它们遇到敌人或者受到外界的刺激后，腺体就会分泌出一种白色的液体。而这种液体足以杀死任何动物，甚至还能够至人于死地呢。

了解这些资料之后，洋洋感叹道：“大自然中有太多的奥秘了。”

安全小课堂

场景：

在动物园里，经常能够看到游客让小孩子给动物喂食，让小孩子触摸动物，这是不对的，而且是有危险的。

安全法则：

动物园中，不要让孩子乱给动物喂食，这种行为容易引起动物死亡，或是使它们失去自我觅食的生存能力。另外，不要随便触摸动物，根据动物学家的研究，有些动物身上有150多种病菌，很容易传染给人类。小朋友触摸他们，就很容易感染这些病菌。

第3章 护身神器——动物世界中的带刀侍卫

刀、枪、剑、戟（jǐ）、斧、钺（yuè）、钩、叉，聪明的动物可以说是十八般武器，样样精通。每种动物都有自己天生的武器，鹰的嘴，狼的牙，可这些还远远不够。

你知道蜗牛为什么背着房子到处走吗？

你知道行动迟缓的乌龟如何保护自己？

你知道电池是怎么来的吗？

你知道蝙蝠侠是如何保护自己的吗？

你知道……

今天，我们带你领略动物庞大的兵器库，一定会让你大吃一惊。

蜗居行者——背着房子旅游的蜗牛

上个星期五，晴空万里，秋高气爽。学校举行了一次秋游，到野外去野炊。洋洋和同学们背了很多好吃的零食，他们在野外玩游戏、讲故事，玩得特别开心。回来的时候，洋洋还带了一只蜗牛，根据老师的要求，观察它的生活习性。

为了喂蜗牛，洋洋还跟着妈妈到菜市场买了一些红薯叶，每天都认真地观察它的生活习性。这天，妈妈公司也组织了一次旅游，可以携带家属，洋洋和爸爸就很高兴地跟着去了，却把蜗牛忘在家里了。

三天的旅游回来之后，洋洋马上跑到阳台上去看蜗牛，却发现蜗牛已经干了，躺在那里一动不动。洋洋很伤心，以为蜗牛死了，就将干枯的蜗牛扔进了垃圾桶，这一幕正好被爸爸看到了。

爸爸问："洋洋，你怎么把蜗牛扔进垃圾桶了？"

洋洋伤心地回答："蜗牛不是死了吗？"

爸爸笑着说："你把蜗牛捡起来，看看它是否在壳口结了一层不透明的白色薄膜？"

洋洋按照吩咐，把蜗牛捡出来，认真地看了一下，发现蜗牛壳口真的结了一层不透明的白色薄膜。

洋洋问爸爸："蜗牛壳口怎么会结了一层不透明的白色薄膜？"

爸爸回答说："这是蜗牛保护自己的方法，它根本没死。"

安全课前小问题

聪明的小朋友，这只蜗牛到底有没有死呢？蜗牛的壳口为什么会结了一层不透明的白色薄膜呢？它是如何保护自己的呢？

蜗牛是陆地上常见的软体动物，体型大小不一，喜欢在阴暗潮湿、疏松多腐殖质的环境中生活，害怕阳光直射，对环境反应比较敏感，一般昼伏夜出。蜗牛觅食的范围很广泛，包括各种蔬菜、杂草和瓜果皮，农作物的叶、茎、芽、花、多汁的果实及各种青草青稞（kē）饲料，蜗牛是靠口来摄（shè）食的。觅食时触角伸出，受惊时则头尾一起缩进壳中。蜗牛身上有唾涎，能有效地自我保护。

蜗牛的天敌有很多，家禽中的鸡、鸭等，都是它的天敌，除此之外，鸟、蟾蜍、乌龟、蛇、刺猬都会以蜗牛作为食物。蜗牛的寿命比较短暂，一般蜗牛可以活三年左右。

天敌如此多的蜗牛，如何能够自我保护呢？

这就依靠它的“小房子”了，蜗牛走到哪里都会背上它的房子，用来保护它柔软的身体。当遇到外敌入侵时，它就会蜷缩进“房子”里，一动不动。坚硬的房子任由你怎么敲打，都不会被打破。

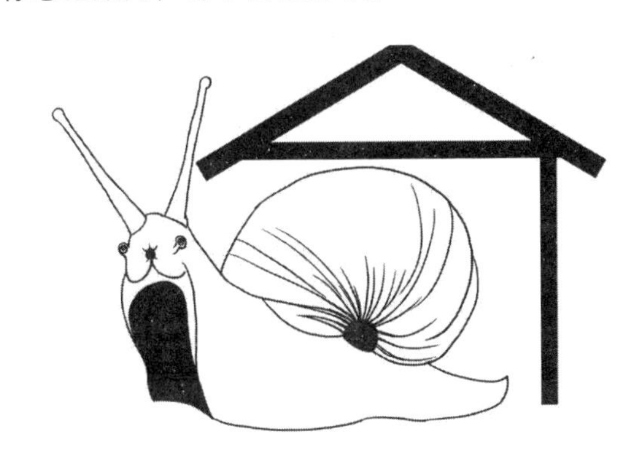

除了这些天敌之外，干旱的天气也会制约它的生存。不过，它还有一个法宝，不怕干旱的天气。

根据动物学家的研究，在冬眠或到了高温干旱的季节，蜗牛便会把身体蜷缩在“房子”里，同时分泌出一种黏液膜将壳口封住，以减少水分蒸发，保持里面的湿度，待外界环境适宜时再出来。不管干旱多久，只要遇到水，蜗牛就又会醒过来。甚至连做成标本的蜗牛，也能靠着黏液封口的壳几年不死。

在很久以前，有个英国动物学家从埃及带回一只蜗牛，把它粘在固定板上，放进标本室收藏。四年过去了，当动物学家将蜗牛的标本拿出来研究时，发现其中一只壳处有新近形成的黏液膜。研究人员非常奇怪，便把它从板上取下，放进温水盆里。不一会儿，它的躯体便从壳中钻出来，第二天开始进食菜叶，一个月后即完全恢复健康。这只蜗牛，在长达四年中，既无食料，又无饮水，居然能活下来，可见其自我保护能力的强大。

了解蜗牛这一特性之后，洋洋高兴地说：“明天我就把我的观察报告交上去，到时候一定会让同学们大吃一惊的。”

安全小课堂

场景：

当前，随着城市生活节奏的加快，越来越多的孩子成为“钥匙儿童”，在寒暑假和父母不在家的节假日里，独自在家的孩子的安全问题屡屡见诸报端。很多孩子在家独处看似安全，实际上却面临着各种潜在的危险。

安全法则：

在这种情况下，小朋友们要跟“蜗牛”学习，不轻易给陌生人开门，不管是什么理由。如果有人来访，千万别急着开门，不管对方以任何身份、任何理由要求开门，都不能轻易相信，一定要给父母打电话确认。

纹丝不动——善用低调防守的乌龟

星期六的下午，洋洋和妈妈去花鸟市场买了一只可爱的小乌龟。从表面上看，这只乌龟像鹅卵石一样，它长着一双圆圆的小眼睛，一个坚硬的壳和四只小巧而有力的爪子。

过了两天，爸爸又在花鸟市场买了一个热带鱼缸，洋洋就让小乌龟也搬进了宽敞舒适的热带鱼缸。热带鱼缸里面住着一个凶猛的邻居——尖嘴鳄。尖嘴鳄虽然不是真正的鳄鱼，但它的习性跟鳄鱼一样凶猛，只要遇到比自己小的鱼，就会毫不留情地攻击它。一旦得逞（chěng），就会将它们变成口中的佳肴（yáo）。

洋洋有点不放心小乌龟，于是蹲在鱼缸前看护它。

爸爸看了看，说："你放心吧，我心里有数，这只尖嘴鳄伤害不了这只小乌龟。"

洋洋说："你怎么知道？"

爸爸说："乌龟有超强的自我保护能力，任何动物都别想伤害它，即便是有着兽中之王之称的老虎，也一点奈何不了它。"

安全课前小问题

聪明的小朋友，小乌龟真有那么强大的能力吗？在其他动物面前，它如何御敌？如何能够成功地进行自我保护呢？

我国很多地方都有乌龟活动的踪迹，一般来说，它的长度在8~17厘米左右，龟甲较扁平，上面有三条纵棱。腹甲棕黄色，各盾片有黑褐色大斑块。乌龟属半水栖、半陆栖性爬行动物，主要栖息于江河、湖泊、水库、池塘及其他水域。

乌龟是杂食性动物，以动物性的昆虫、蠕（rú）虫、小鱼、虾、螺、蚌、植物性的嫩叶、浮萍、瓜皮、麦粒、稻谷、杂草种子等为食。耐饥饿能力强，几个月不吃东西也不会饿死。

除了这些特征之外，乌龟还有一个很厉害的本领，它的自我保护能力是最强大的，遇到敌害或受惊吓时，它不会惊慌失措，也不会跑和跳，只是简单地把头、四肢和尾缩入壳内，然后静观其变。

龟甲为什么会那么硬？这是因为，龟甲的成份有点类似人的指甲，具有一定的柔韧性，因为它有一定的厚度，并且其形状是拱起的，所以可以承受很大的静态压力，因而抵御大多数动物牙齿的压力是没问题的，碗口大的龟，足以承受一个慢慢站上去的人的重量。

了解了这些之后，洋洋放心了，他开始慢慢观察热带鱼缸里面的情况了。

没过多久，尖嘴鳄果然对小乌龟产生了兴趣。于是，它把头翘了起来，尖尖的嘴对着小乌龟，准备趁它不防备时就咬过去。

说时迟那时快，尖嘴鳄准备攻击时，小乌龟嗖地一下缩入了壳中，潜入了

水底。尖嘴鳄冲了下去，用嘴不停地撞击龟壳。它撞了好一会儿，龟壳还是完好无损。于是，它开始绕着龟壳转圈，企图找到龟壳的弱点。突然，小乌龟一个箭步冲向尖嘴鳄，一下子把它撞开了。尖嘴鳄只好灰溜溜地逃走了。

看到尖嘴鳄狼狈地逃走了，洋洋高兴得合不拢嘴。

洋洋说："通过这件事，我知道了，在大自然中，每一种动物都有自我保护的手段，看起来弱小的动物其实也有强大的自我保护能力。"

安全小课堂

场景：

近年来，地壳运动频繁，频频引发地震。每当发生地震时，人们四处逃散，经常发生踩踏事故。有一些人不是被物体倒塌时砸伤，而是因踩踏事故受伤。虽然目前地震是人类无法避免和控制的，但只要掌握一些技巧，还是可以将伤害降到最低的。

安全课堂法则：

不管处于什么场合，当发生地震时，要像小乌龟学习，第一时间保护好头部，避开危险之处。当大地剧烈摇晃，站立不稳的时候，人们都会有扶靠、抓住东西的心理。身边的门柱、墙壁大多会成为扶靠的对象。但是，这些看上去挺结实牢固的东西，实际上却是危险的。不要靠近水泥预制板墙、门柱等躲避。

电池大王——一击制敌的雷震子

大家都在客厅里看电视，换台的时候，突然发现遥控器没电了。家里没有多余的电池，手动非常不方便。爸爸只好去小区里的超市买几节电池，买回来将电池安装上去之后，遥控器又能够正常使用了。

爸爸将废电池放在桌子上，准备扔掉。洋洋看到了，抓在手里玩。

爸爸说："废旧电池不能玩，对人的身体健康有害，要赶紧扔掉。"

洋洋问："既然电池对人身体有害，为什么还要发明它？又是谁发明的？"

安全课前小问题

聪明的小朋友，你知道电池是谁发明的吗？电池在给我们的生活带来便利的同时，也存在着一些问题，比如废旧电池会污染环境，我们该如何处理这些废旧电池呢？你知道废旧电池会对我们的身体健康产生哪些危害吗？应该如何保护自己免受废旧电池的伤害呢？

其实，电池的发明多亏了一种叫电鳗（mán）的鱼，是它的放电特征启发人们发明和创造了能贮存电的电池。这里，你可能会觉得不可思议，鱼还能放电？在水里它放电时不会把自己电到吗？

其实，电鳗这种鱼就是通过放电，来躲避天敌、争取求生的机会。电鳗是一种南美洲鱼类，它的模样非常像蛇，体长有2米多，体重达20多千克。它栖息于水流很慢的淡水中，行动迟缓，并不时浮出水面，呼吸新鲜空气，全身无

鳞，呈现灰褐色。

最奇怪的是鳗鱼的特异功能，它能够放电，能使一些小虾、小鱼和蛙类等触电身亡，然后饱餐一顿。当它遭到袭击的时候，也会立即放电让敌方全身麻痹（bì），从而击退进攻者。

至于电鳗能够放出多少的电，在当地有这么一个故事。

有一支探险队无意间遇到了电鳗，觉得很奇怪，想抓住仔细观察一番。前去抓捕电鳗的有三个队员，结果他们刚刚碰触到电鳗，都像被谁重重击打一样，全部倒在地上，这将探险队吓坏了。

后来，经过当地人的讲解之后，他们才知道原来是被电鳗释放出的电击倒。电鳗输出的电压约300~800伏，电力很强，因此，它又有“水中的高压线”之称。

生活在淡水中的电鳗，为何能够放电呢?

经过动物学家的研究发现，这和它的生理构造有关系。电鳗尾部两侧的肌肉，是由有规则地排列着的大约10000个肌肉薄片构成，薄片之间相隔着软组织，并有许多神经直通中枢神经系统。每个肌肉薄片都像一个小电源一样，能产生150毫伏的电压，但近万个小电源串联起来，就可以产生很高的电压。

每当电鳗尾部发出电流，电流都会流向头部的感受器，因此，在它身体周围形成一个弱电场。很奇怪的是，电鳗放电时，为什么不会电到自己? 况且淡水是很好的导体。

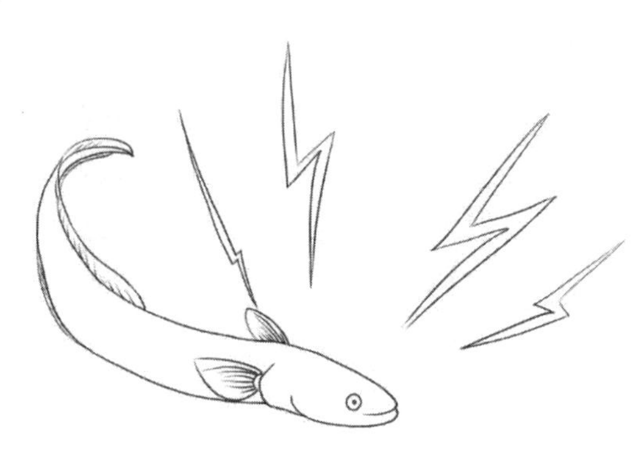

这是因为电鳗的皮肤表层的脂肪组织有很好的绝缘作用，而且电鳗也已经适应微弱的带电环境。

不过，动物学家发现，如果将电鳗放到空气中，它如果继续放电的话，就会电死自己，这是因为它发出电时，空气的电阻比它身体的电阻更大。另外，如果电鳗受伤使两侧的绝缘体同时破损的话，放电时就会像两条裸露的电线一样短路，从而把自己电死。

后来，科学家根据电鳗的放电特性，受到启发，发明和创造了能贮存电的电池。人们日常生活中所用的干电池，在正负极间的糊状填充物，就是受电鳗发电器里的胶状物启发而改进的。

当然，电鳗不会连续放电。电鳗的肉味鲜美，有很高的营养价值，当地的土著居民在抓它之前，都会将一群牛马赶下河去，使电鳗被激怒而不断放电，电鳗放完电筋疲力尽时，就能够直接去抓它了。

洋洋了解这些知识之后，高兴地说："原来电池是受电鳗的启发而发明的呀，看来动物和人类的关系真的很密切。"

安全小课堂

场景：

在生活中，小朋友都会有很多的电动玩具，小火车、小乌龟、转转乐、小电话、故事机等，这些玩具大多是依靠电池来带动的，这样就会产生很多废旧电池。科学家发现，一粒高能量电池可污染60万升水，等于一个人一生的饮水量。一节电池烂在地里，能够使一平方米的土地失去利用价值，而且电池还有很强的辐射，科学家将废旧电池称作"污染炸弹"一点也不过分。

安全法则：

在当前对废旧电池缺乏有效的技术、经济条件下，国家并不鼓励集中收集。根据《废电池污染防治技术政策》指导，家中常用的废旧电池不能让孩子玩，用完之后，可随生活垃圾处理。环境具有自净能力，能够消化一定量的污染物质，如果将废旧电池集中收集，反而会形成一个大的污染源对环境造成污染。在欧美、日本等发达国家，一次性电池都作为普通垃圾处理。

斧钺钩叉——全身长满硬刺的刺猬

洋洋和爸爸在小区里散步，突然听到绿化带内传出“簌（sù）——簌——”的声音，难不成是谁家的宠物猫？洋洋停下来观察了一下，感觉草丛里有东西，找了根树枝拨开草堆，果然看到一个动物缩成一团，浑身长满了刺。

洋洋兴奋地说：“爸爸，这是不是刺猬？我除了在电视动物世界里看到过，生活中还从来没见过。”

爸爸摇摇头说：“我也无法确定是不是刺猬，我也是在很小的时候见到过一次。”

这个时候，小区里的故事大王金伯伯走过来，认真地看了看，说：“这确实是刺猬，我当年上山下乡的时候，在农田里见过很多。”

邻居们纷纷围过来，都聚集到草丛周围，纷纷拿出手机拍摄。由于有很多人看它，它似乎很害羞，一直缩成一团，一动不动。

洋洋问："它为什么缩成一团，一动不动？"

金伯伯哈哈大笑，说："这可是它的护身法宝，只要它缩成一团，任何飞禽走兽都别想伤害到它。"

安全课前小问题

聪明的小朋友，你见过刺猬吗？你了解刺猬的生活习性吗？对了，还有它的护身法宝，真的有那么厉害吗？在生活中，当遇到陌生人跟我们搭讪时，我们是不是应该跟刺猬学习一下呢？

刺猬在我国很多地方都能见到，是一种身体长度为20厘米左右的小型哺乳动物。一般来说，成年刺猬的体重可达2.5公斤，身体布满了白色的尖刺，头部、尾部和腹部是软乎乎的毛发。刺猬的嘴巴尖尖的、长长的，耳朵特别小，四肢短小，前后足都有五根脚趾，这一点很像人类。

刺猬的鼻子非常长，触觉与嗅觉很发达。它最喜爱的食物是蚂蚁与白蚁，当它嗅到地下的食物时，它会用爪挖出洞口，然后将它的长而粘的舌头伸进洞内一转，即获得丰盛的一餐。

刺猬常年生活在灌木丛内，喜欢干燥凉爽的天气。每年的秋末开始冬眠，直到第二年春季，气温回升到一定温度才醒来。刺猬还有一个很有趣的特点，喜欢打呼噜，和人相似。

对人类来说，它属于益兽，以大量有害昆虫为食。

说起它最大的特点，就是它那身用尖刺做成的"衣服"了，那是它自我保护的法宝，一旦预感到危机来临，它的身体便会卷缩成一团，卷成如刺球状，

浑身竖起棘（jí）刺，以保护自身。

只要它使出这一招，任你是猛兽之王还是森林之王，任你牙齿再锋利、爪子再尖锐，对刺猬也是束手无策。

知道这些知识之后，洋洋问："可这是我们小区，该怎么处理它呢？要不拿回家养起来？"

爸爸说："还是交给物业处理吧！"

物业随后联系到国家野生动物保护站，有关负责人表示，刺猬属于我国保护类动物。如果没有外伤，可选择放回野外，这就是对它最好的保护。当天晚上，物业将这只刺猬带到附近的山脚，将它放归山林。

安全小课堂

场景：

亲爱的小朋友，在你走在上学或者放学的路上，如果有陌生人或者平时与你不亲近的熟人与你搭话，你要怎么处理？

安全法则：

不管陌生人以什么理由拉近与你的距离，比如让你看东西，或者是让你指路，这个时候，不要与陌生人有过近的距离，对方如果向你走来，你就要反方向拉开至安全的距离。另外，陌生人如果提出一些问题，你无法回答的话，则可以直接拒绝，告诉他，我不太清楚，你可以找别人问一下。

火辣辣——会蜇人的蝎子草

暑假里，小明去了爷爷家，在那里，小明结识了一帮小伙伴，每天都玩的特别开心。可是这一天，他却被小伙伴捉弄了。

小伙伴们喊小明到附近的水坝边去打猪草。小明从未打过猪草，也不知道哪种草猪爱吃。没办法就只好跟别人学，别人打什么草他也跟着打什么草。几个小伙伴不知不觉就来到了一丛有半人高的野草旁。

小伙伴洋洋说：“这种草到处都是，猪可爱吃呢。”说着他打了一把放到篮子里。小明见状，也去打猪草。可当他的手指触到了枝叶，一阵火辣辣麻酥酥钻心的剧痛袭来，低头一看几个指头又红又肿，小明顿时吓得哇哇大哭。小伙伴们一看闯祸了，急忙让他擤一点清鼻涕抹上，一会儿就不痛了。

小明觉得很奇怪，问：“这是什么草？怎么会那么厉害。”

洋洋笑着说："这是蝎子草！我刚刚打的时候，戴了手套，可你却空手，当然会伤着你了。"

安全课前小问题

聪明的小朋友，蝎子草是一种很常见的植物，可你知道它的秘密吗？当我们不小心被蝎子草蛰了，会火辣辣的疼，该怎么办？

蝎子草是一种很常见的野草，在人来人往的马路边，农村小道边，山坡上，田埂上，以及农家小院的房前屋后，你总能看到一窝一窝枝繁叶茂的蝎子草。蝎子草又叫荨麻草，它的外形和蒿子、灰条有几分相像，但颜色很艳丽，不像蒿子灰条那般灰不溜秋的。

蝎子草一般在50~80厘米左右，茎杆直立，浑身上下都长满着疏疏的螯毛。它的叶子形状与大麻相似，边缘看起来像锯条一样。每年的七八月份是蝎子草开花的季节，它的花很好看。到了九、十月间，蝎子草的顶端就会挂满了黄绿色的果实，看起来很好吃的样子。但是，你千万不要以为你可以顺利吃到果实，因为它可是藏着杀手锏呢。为了保护自己的果实，它可是会使出狠辣的招数。

只要你用手去抓或不经意碰触它时，它绝对不会对你手下留情。被他碰触到的部位，顿时会觉得奇痛难忍，就像被蝎子蜇了一样，所以人们叫它"蝎子草"，也有人戏称其为"会咬人的草"。

蝎子草为什么会蜇人呢？原来，在蝎子草的茎叶上长有螯毛，这种螯毛是它保护自己的防卫武器，谁要是胆敢招惹它，就会尝到被蝎子蜇伤的苦头。植物学家说，蝎子草具有非常特殊的单细胞螯毛，该毛基部膨大，下部的细胞壁钙质化，很容易折断，上部为硅化物所浸透，坚硬锋利，毛内含生物碱。当人或动物碰上它时，锋利的硅化物刺入体内，而钙质部分折断，同时把生物碱注入，使人或动物奇痛难当，远避而去。

虽然蝎子草浑身长有刺毛，动不动就会蜇伤人畜，但有经验的农民却把它视为珍宝，因为在蝎子草中含有丰富的蛋白质以及多种维生素、胡萝卜素等。初春和盛夏，蝎子草沐浴着阳光雨露，悄悄为自己积累营养，到了秋冬季节，蝎子草茎叶里的苦涩味大量消失，这时用它来喂养牛羊，更能使其膘肥体壮。每到夏秋季节，山区的农户就会把蝎子草采收回家，经晾晒、切碎后储存。

安全小课堂

场景：

刘星在玩耍的时候，一不小心摸到了蝎子草，火辣辣的疼，他哇哇大哭，不知道该怎么办？

安全法则：

首先，被蝎子草伤到的话，如果不严重，疼几分钟后可自行消失。如果严重的话，可以让伤口对着火烤热，并连续做伸缩动作，也可用温开水洗患部，约经半小时可解除痛苦。

其次，可以涂抹一些牙膏，能够消肿止疼。

夜行侠——携着无声器闯荡的蝙蝠侠

在乡下爷爷家的时候，夜幕降临时，洋洋看到一只只蝙蝠在黑夜里飞行。

洋洋禁不住赞叹道：“蝙蝠的视力真好，这么黑都能看到路，而且还不会撞到一起。”

爸爸说：“其实蝙蝠的视力非常差，根本就看不到路。”

洋洋听了之后，不相信自己的耳朵，说：“怎么可能？如果它视力不好的话，为什么这么黑还能飞得那么快，不会撞到东西呢？”

爸爸笑着说：“这就是蝙蝠的过人之处了。这不仅是它捕捉食物的法宝，也是它逃避天敌的绝技。”

爸爸的话让洋洋疑惑不解，蝙蝠的视力非常差，连路都看不清楚，遇到天敌的时候，怎么逃跑呢？又怎么能够捕食呢？

安全课前小问题

聪明的小朋友，你见过蝙蝠吗？我们身边有很多人患有近视眼，当摘掉眼镜的时候，他们的行动会受到很多的限制。可同样是视力非常差的蝙蝠，为什么可以在夜间以很快的速度飞行呢？这到底是怎么回事？究竟有什么奥秘呢？

蝙蝠能在黑夜自由飞行捕捉食物，依靠的根本不是视力，而且根据动物学家的研究，蝙蝠的视力很差，弱到基本上看不到东西。那么蝙蝠如何能够在漆黑的夜空中来去自如，高速飞行却不会撞到东西呢?

蝙蝠主要利用回声定位来辨别方向。

当蝙蝠在飞行时，会从口中发出声波。当声波碰到一个障碍物，比如墙壁、悬崖时，它会弹回来，它们会再次听到这个声音，这种反射回来的声音称为回声。

蝙蝠就是利用这种回声定位进行捕食和辨别方位的。

可能会有人觉得奇怪，为什么蝙蝠发出的声音，人耳却听不到呢?

人耳朵能听到的声音频率在20赫兹至20000赫兹，低于20赫兹或者高于20000赫兹的声音，人耳是听不到的。声波频率高于20000赫兹的，称为超声波；低于20赫兹的，则为次声波。次声波与超声波一样都是我们看不见、听不到、摸不着的。

蝙蝠能在漆黑的夜里自由飞行捕捉蚊虫为食，不是用视觉而是用听觉来定位。蝙蝠在飞行时发出人耳朵听不到的超声波，它的耳朵接收到这些回声波，就能判断前面是应该躲避的障碍物还是要捕捉的虫子。

同样地，蝙蝠在飞行过程中，也可以通过发出的声波判断遇到的是食物还是敌人，当发现遇到的是敌人，会立即逃跑，同时不断地给同伴发出信号，大家一起有计划地逃走，让敌人扑个空。

自然界中，除蝙蝠外，能发出超声波的还有蟋蟀、蚂蚱、老鼠、鲸等，狗能听到 3.8万赫兹的超声波，有些鸟类可以听到4万赫兹的超声波。

超声波技术应用非常广泛，在医学界尤为突出。

超声波具有方向性好、穿透能力强等特点，可以和光线一样，能够反射、折射，也能聚焦。另外它的传播情况还与介质的特性有着密切的关系。

在医学中，用超声波诊断和治疗各种疾病，具有无损害、无痛苦和及时等优点。超声波治疗是一种物理疗法。

超声波为什么能够治病呢?

人体组织内的神经细胞对超声波十分敏感，它可以引导超声波在体内的活动，对那些正常与不正常的组织进行识别与区分，然后对不正常的组织进行干扰和遏（è）制。

超声波在人体组织中能引起细胞的波动，相当于一种细微的“按摩”。它能促使局部血液和淋巴循环得到改善，从而对组织营养和物质代谢都能产生良好的影响。

另外，超声波还可以刺激半透膜，增强其通透性，加强人体新陈代谢，改善人体功能状态，提高人体组织的再生能力。

同时，超声振动能引起体内局部温度升高，因此，它还具有扩张血管的作用。

随着科技的进步，超声波在医学领域的应用也越来越广，许多医院都开设了专门的超声诊室。超声波诊断和治疗多用于脑血管意外疾病、血栓闭塞性脉管炎、慢性支气管炎、哮喘、偏瘫、冠心病及超声手术等。

安全小课堂

场景：

有一天，上三年级的晓明在校门碰到一个青年男人，威胁他交出身上所有钱，并要求晓明不能对大人和老师说，不然就打他。结果，晓明身上仅有的10元钱被抢走了。晓明害怕挨打，保持沉默，不敢对大人和老师说，此后又遭到了几次勒索。

安全法则：

聪明的小朋友们，当发生晓明这样的遭遇时，一定不能保持沉默。要像夜行侠蝙蝠一样，勇敢地求救，要第一时间跟老师、大人说，如果有必要，还可以电话报警，让警察叔叔来帮你摆脱困局，千万不能沉默，这样只会纵容坏人。

虾兵蟹将——东海龙王的守护者海豚

洋洋和爸爸妈妈一起去极地海洋世界玩儿。在那里，洋洋看到了很多在当地海洋馆没有见过的动物，比如北极熊、海豚、北极狼、帝企鹅、白鲸等。

进了海洋世界，洋洋首先看到的是北极熊。北极熊的体形非常大，两只北极熊一直待在岸上，走来走去，不时互相摩擦着头部。观赏了一会儿，爸爸妈妈带着洋洋去了海豚馆，在那里，洋洋看到了他一直想见的海豚。

海豚馆里，人山人海，早已坐满了观众。洋洋选择了面对舞台正中的空档停了下来。精彩的演出开始了，首先是两只海狮出场，表演了顶球、唱歌、鼓掌、滑水等项目。然后是压轴大戏——海豚登场，场面非常壮观，海豚般高空跳跃、够球、背着驯兽员水上滑翔，让人们惊呼声不断，还有与小朋友的互动节目呢。洋洋看得认真极了，都没有工夫鼓掌了。

看完之后，洋洋对爸爸说："海豚真是太聪明了！"

爸爸点点头，说："是的，你在海洋馆里看到的海豚，还只是它生活习性的一部分，除此之外，它还有更聪明的地方。"

安全课前小问题

聪明的小朋友，你见过海豚吗？海豚除了会高空跳跃、在水上滑翔之外，还有什么其他技能吗？在辽阔的海洋里，有鲨鱼和鲸鱼，他们都是海豚的天敌，海豚是如何自我保护的呢？

海洋中的海豚，一般身长为1.5~4米，浑身乌黑，只有肚皮是银白色的，皮肤非常光滑，非常娇嫩。海豚的尾巴非常有趣，看起来像扇子一样。在游泳的时候，海豚依靠它上下摆动，控制方向。除此之外，海豚的身体下侧有两片胸鳍（qí），用于拨水游动，背上的背鳍用来控制速度。

聪明的海豚算得上是海洋里的游泳健将，依靠控制方向的尾巴和控制速度的胸鳍，它可以尽情地控制自己的速度，时速可高达60千米，连鲨鱼都追不上它。知道海豚为什么跃出水面吗？原因是为了摆脱身上的寄生虫。

在辽阔的海洋中，海豚属于群居性动物，生活在大集体中。在捕猎的时候，成年海豚或小海豚都会发出各种各样的声音，有尖细声、咯吱声、嘎嘎声，它们通过这些不同的声音来制订捕猎计划。

海豚最大的敌人是鲨鱼，当遇到鲨鱼时，聪明的海豚们会如何应对呢？

海豚不会单打独斗，而是利用群体的力量，人多力量大。比如，如果有一条鲨鱼正在威胁一头离群的小海豚，就会有两头成年海豚离开群体，吸引鲨鱼的注意力。一旦鲨鱼上当，就会转而攻击成年海豚。这时其他海豚将鲨鱼包围起来，齐心协力消灭鲨鱼。

另外，在和鲨鱼作战的过程中，如果不幸有海豚受伤，其他的同伴会帮助它，不让它沉入海底，而是齐心协力将它托出水面，继续呼吸。

知道了聪明的海豚的生活习性之后，洋洋高兴地说："我又学到知识了，动物世界真有无穷无尽的精彩。"

安全小课堂

场景：

现在在一些报纸上经常看到有拐带儿童的事件发生，根据国家公安部发布的消息来看，单独偏僻的场所是拐骗案案发最多的地方。

安全法则：

小朋友们一定要记住，不要一个人去偏僻的地方，这些地方人烟稀少，犯罪分子很容易下手，会直接把你带走的。另外，更不要在这些偏僻的地方玩"藏猫猫"之类的游戏。

击剑手——锐利的击剑手剑鱼

最近，海洋世界馆迎来了一批“新成员”：剑鱼、海豚、海狮新品种、黄金鼠、捕鸟蛛等。星期二下午，学校组织全体同学前去观看。

和同学们走进海洋馆，洋洋看到了不同颜色的鱼和成千上万的鱼种，有大有小，那里有黄色的和花的小鱼和乌贼，种类繁多。最吸引洋洋的还是蓝色的剑鱼。剑鱼的眼睛炯（jiǒng）炯有神，像万年不遇的两颗珍珠，鼻子像一把粗大而锋利的宝剑，用来捕食，身子大大的，尾巴像一把大大的扇子，特别大。

班主任带着同学们，一边参观一边给他们讲解，当介绍到剑鱼的时候，班主任介绍了剑鱼的生活特性、地理分布及应用价值。

介绍完这些知识之后，就到了同学们自由发问的阶段。

洋洋想了一个问题，赶紧举手，在得到班主任的允许后，洋洋发问：“老师，剑鱼和鲨鱼谁更厉害？当剑鱼遇到鲨鱼时，会是怎么样的一番情景呢？”

安全课前小问题

聪明的小朋友，你能回答洋洋提出的问题吗？鲨鱼有着海洋之王的称号，剑鱼如果遇到鲨鱼，会是怎么样的一番情景呢？在海洋之王鲨鱼面前，剑鱼会如何保护自己呢？

剑鱼，又称为剑旗鱼、青剑鱼。现在随着捕鱼业的发展，渔业市场上经常可以见到有剑鱼出售。剑鱼的头部多为蓝紫色，腹部为淡黑色，这也是被称为青剑鱼的原因。剑鱼身体粗壮并向后延长，背腹钝圆，尾部细长平扁。剑鱼的皮肤非常粗糙，侧线不明显。剑鱼没有腹鳍，尾鳍深叉形，这有利于它发挥速度的优势。剑鱼的前颌又尖又长，看上去就像一把锋利的宝剑，笔直的伸向前方。剑鱼的身体呈现棱形，一般长度约4.5米，最长的可达6米，体重约300千克，为海洋中大型凶猛鱼类之一。主要分布在印度洋、大西洋和太平洋。

剑鱼经常活跃在海水的表面，在游动的过程中，常常会将头部和背鳍露出水面，借助它宝剑般的上颌劈水前进。如果说海豚是海洋中的游泳健将，那剑鱼可算得上是游泳冠军。根据动物学家的研究发现，剑鱼在水中的速度特别快，每小时可达120公里，比火车的速度还要快。剑鱼的速度虽然很快，但它控制方向的能力却不强，因此，在高速前行时，一般只能走直线。

当捕猎时，它会发挥自己的速度优势，潜入深水处，依靠速度冲击鱼群，用“宝剑”刺杀，然后慢慢享用。

剑鱼特别聪明，它非常懂得利用自身的优势，扬长避短，当遇到有着海洋之王之称的鲨鱼时，它会选择避开，不跟鲨鱼正面冲突，利用速度甩掉鲨鱼。不过，当遇到鲨鱼群时，剑鱼退无可退之时，会采取硬碰硬的办法，跟鲨鱼决一死战，用“宝剑”猛刺对方。

通过这次游览，洋洋对海洋中众多生物的了解更进了一步。洋洋在日记中写道：未来，我要多多学习海洋知识，把海洋迷团一一解开。

安全小课堂

场景：

近年来，城市小区居民养狗越来越多，由此出现的问题也越来越多，比如噪声扰民、随地便溺，以及传播狂犬病。最让人担心的是，宠物攻击孩子的问题。尽管近年来国家加大了治理小区喂养宠物的力度，但问题仍然接二连三地出现。聪明的小朋友，当你不幸被狗攻击时，可以从剑鱼身上学到自我保护的方法。

安全法则：

聪明的小朋友们，当不幸遭遇到狗的攻击时，千万要冷静，要想办法远离它。如果来不及跑开，就先找一个安全的地方躲起来。千万记住，一定不能踢打疯了的狗，一旦它被激怒，咬伤了你，后果就很严重了。如果是在自己家或学校附近看见疯狗，应尽快告诉爸爸妈妈或老师。另外，当不幸被疯狗追咬时，在速度上你肯定跑不过疯狗，逃跑时，不要沿直线逃跑，因为疯狗速度很快，很难转弯，你可以利用疯狗这个弱点，绕弯离开现场。

鞭铜锤抓——用棘刺自卫的豪猪

在研究性学习的课堂上，王老师拿出一根像针一样的东西，然后又拿出两张名片，将两张名片叠加在一起，然后将针一样的东西扎在纸上面，轻轻松松就扎破了。

王老师做完这个试验之后，说："大家猜猜看，这根像针一样的东西是什么？我给大家个提示，它是一种动物的毛发。"

什么动物的毛发会有这么坚韧又锋利呢?

"牛毛，牛毛比较硬，都可以用来做刷子。"

王老师摇摇头，"牛的毛是比较硬，但却没有这么锋利。"

"老虎，老虎的毛很锋利。"

王老师微笑着再次摇摇头，"老虎的牙齿很锋利，可毛不但不锋利，而且还很软。孙悟空的虎皮裙穿起来就很舒服呢。"

王老师的话惹得全班同学哈哈大笑。

"猪毛，我在爷爷家的时候，摸过猪毛，很硬也很扎手。"

王老师笑着说："你只猜对了一半，这个动物的名字是有个'猪'字，这个动物是豪猪。"

安全课前小问题

聪明的小朋友，你见过豪猪吗？它和野猪有什么区别呢？那么锋利又坚硬的毛发，是不是它在大自然中自我保护的武器呢？

虽然叫豪猪，可它和猪一点儿都不一样，从它的背部到胃部，长着利剑般的棘刺，尤其是屁股上的棘刺长得更粗、更长更锋利，其中最粗的就好像是筷子一样，长度甚至达到半米。每一根棘刺的颜色都是黑白相间。

豪猪经常出没在树木茂盛的山区丘陵，尤其是在靠近农田的山坡草丛或者密林中。豪猪在反应方面，和家猪很像，反应迟钝，行动缓慢，夜晚出去觅食的时候，经常走一条固定的路线，并且连续在同一地点觅食。

在上文中，我们已经知道，豪猪的棘刺非常锋利，能够轻易刺穿两张名片。其实，这只是九牛一毛，豪猪的棘刺非常锋利，如果力道合适，都可以刺透一般的砖头，其锋利程度可想而知。

豪猪背部锋利而坚硬的棘刺，像一根根利剑一样。你可别小看这些棘刺，这可是豪猪赖以生存的法宝。

当豪猪在森林中遇到危险时，会迅速将身上的棘刺竖起来，这个时候，棘刺之间会相互碰撞，发出“砰砰”的声音，就像是钢筋之间相互碰撞而发出的声音一样。同时，豪猪的嘴里也发出“噗噗”的叫声。这种场面会让一般的捕食者望而却步。可如果捕食者在这种情况下，仍然 向豪猪进攻的话，那么豪猪会调转屁股，以屁股对准入侵者，并且倒退着使臀部上的长刺刺向猎食者，刺中捕食者。

不仅如此，在这个过程中，豪猪背部的硬刺还能发射，这是依靠肌肉弹动的力量，一枝一枝地射出来，如同放箭一般。豪猪的刺是倒立生长的，一旦扎入皮肉，就很难拔出来，越往外拔会扎得越深。因此，大多数食肉动物都知道它的厉害，轻易不招惹它。

豪猪虽然凶猛，但对人类来说，它却“全身是宝”。豪猪肉质细腻，味道鲜美且劲道，很受人们的喜欢。此外，豪猪还具有很高的药用价值，它的肉、脂肪、胃、箭刺等都可以做药。它的肉可以润肠通便，健胃益肺；胆可明目提神；油可解毒排脓，生肌止痛；胃可清热利湿，健胃和中，主治胃病、黄胆、水肿、脚气等症，因此，豪猪有着“动物人参”的美称。

安全小课堂

场景：

丹丹用笤帚打扫卫生时，一不小心，她的手被笤帚上的刺扎了，皮破了出了点血，还有一截断刺留在了肉中，她不知道该怎么办。

安全法则：

手脚扎刺后，要及时挑出，不然很容易发炎化脓。如强行将刺取出，要破皮出血，又十分疼，可以试一下巧方法。如果是软刺，可用止痛膏贴在有刺部位，然后将该部位贴在电灯泡上加热，再快速将药膏揭去，这样，刺就被带出来了。如果扎的是木刺或竹刺，可先在有刺部位滴上一滴风油精，然后用消过毒的针将刺轻轻挑出，既不痛又不出血，而且还不会发炎化脓。

神刺防身——身着尖刺的仙人掌

爷爷家的庭院中，种着很多种植物，有红掌、金钱树、吊兰等，可是其中有一盆植物，样子特别奇怪，像一个个手掌一样，而且全身长满了一根根像针一样的刺。有一次，小明玩耍的时候，不小心被扎了一下，特别疼，他再也不喜欢这种奇怪的植物了。

这天，妈妈的脚歪了，红肿的像小馒头一样，奶奶小心翼翼地从那盆像手掌一样的植物上掰下一片径，捣碎敷在妈妈的脚上，很快妈妈的脚逐渐消肿了。

小明觉得很奇怪，就问："奶奶，这是什么呀？"

奶奶回答说："这是仙人掌！"

小明又问："它怎么长的这么丑啊？没有叶子，还有很多的小刺。"

奶奶笑着说："你可别看它长得丑，可名气特别大。还有，它不长叶子，而且有很多的小刺，这些都是在保护自己。"

安全课前小问题

聪明的小朋友，你见过仙人掌吗？你知道仙人掌的秘密吗？当我们不小心被仙人掌或者其它植物的刺扎了，应该怎么办呢？

仙人掌是一种很常见的植物，通体绿色，上面长有各种颜色的小花，全身上下都长满了密密麻麻的小刺，远远看上去，你会觉得仙人掌像一只小刺猬。

仙人掌的形状有很多，常见的有球形、圆柱形、山形，也有少见的片状、瓣状、穗状等，我们常见的仙人掌，多以片状为主。

居家培植并不是仙人掌的主要生长环境。很多仙人掌都生长在终年干旱的沙漠地区，由于那里的环境恶劣，几乎只有仙人掌存活了下来，从这一点就可以看出仙人掌顽强的生命力。

仙人掌顽强的生命力不仅如此。如果你把它的茎折断了，它还能继续繁殖。如果你残忍地把它连根拔起，它也能滋生出新体。即便是你多年不给它浇水，它也不会枯死。即便你用火烧它，它仍然不会死。

仙人掌最令人啧啧称奇的，就是它保护自己的方式了。

仙人掌身上那些像绿色的手掌形状的，是它的茎，仙人掌用它代替叶子进行光合作用，制造养料，而原本应该制造养料的叶子，却被仙人掌变成了刺，变得细长而坚硬。

为什么仙人掌会长成这种奇特的形状？这还要从仙人掌的“老家”说起。仙人掌原产于墨西哥沙漠地带，那里干旱少雨。一般的植物是很难在那里生存的。但仙人掌以它独特的身躯适应了那里的环境。这就是因为仙人掌胖乎乎的，像手掌一样的茎，里面蓄含了足够它生理活动的水分，而针刺状的叶，将蒸腾面积减少到最小程度。另外，那又尖又硬的针刺可以有效地防止被沙漠里的动物吃掉。

另外，仙人掌的用处特别多，可以切成一片片泡成清凉可口的茶，还可以食用。它的营养也很丰富，可以做盆景，也可以用它熬成药水来治病，能够舒筋活络，疗伤止血。

安全小课堂

场景：

小明和小伙伴嬉戏打闹的时候，常被各种刺刺伤，如玫瑰刺、仙人球刺、树板木头的刺、竹子的竹刺等。这虽然不会危及生命，却会引起疼痛，有很多次，还出现了化脓感染。

安全法则：

常见的植物的刺是没有剧毒的，但通常也会令皮肤瘙痒等，少数人会起过敏反应，要正确做好保护措施。

首先，清理伤口，用自来水和肥皂充分地冲洗被刺刺伤的部位。

其次，用用镊子等工具，顺着刺进的方向把刺拔出，而且要拔干净，千万不要把刺弄断。当肉中扎入植物软刺后，可用一小块医用胶布，将它粘在有刺的部位，再在开着的灯泡上烘烤一下，然后快速将胶布揭去刺就会随之被拔出。

如果是竹木签深扎肉中要在被扎处滴一滴豆油，过两个小时后，刺就会突出，这时很容易将刺拔出。

最后，刺拔出后，用3%的双氧水充分消毒，消毒后再贴创口贴。如果多处刺伤，或伤口感染、消毒不严，可口服抗生素，以防感染。

第4章　七十二变——生物求生大变身

在大自然中，优胜劣汰历来是至理名言。不管任何动物，没有一两个绝招，很难能够保护自己，在大自然中生存下来。其中，“隐身术”是一部分动物的绝招。

聪明的小朋友，你知道叶形鱼是如何隐身的吗？

你知道比目鱼是如何化装的吗？

你知道石头鱼跟石头有什么关系吗？

你知道乌贼是如何保护自己的吗？

你知道……

现在，将带你领略动物的又一绝技——隐身大法。

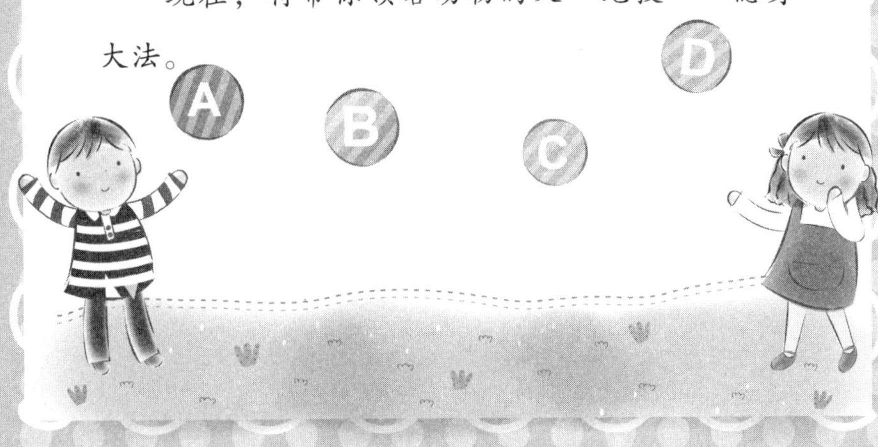

洋洋爸爸的公司在一家五星级大酒店开年会，每位员工都可以携带家属。当晚，洋洋和妈妈作为家属，跟爸爸一起参加年会。

星期六的晚上，他们刚进酒店，就看到门口放着一个大鱼缸，里面有各种各样的鱼儿，洋洋看得目不暇接。忽然，洋洋看到里面漂浮着几片树叶，一动不动。洋洋认真地看了一下，发现又不怎么像树叶。

洋洋指了指鱼缸里漂浮的东西，说："爸爸，那是树叶吗？"

爸爸笑着说："那根本就不是什么'树叶'，那是鱼儿的隐身法。"

洋洋仔细地观察了一下，发现那几片"树叶"竟然飘动起来。

洋洋觉得很奇怪，问："爸爸，这是什么鱼？它们不会被大鱼吃掉吗？"

安全课前小问题

聪明的小朋友，你知道这些看起来像树叶的鱼叫什么名字吗？它们为什么不怕被大鱼吃掉呢？在危险的海洋环境里，它们是如何保护自己呢？

金鱼缸里面看起来很像"树叶"的鱼，叫叶形鱼，叶形鱼是生活在南美洲的亚马逊河里的鱼类，它的身形非常小，从头到尾都不超过10厘米。它的体

形也非常特别，身体扁扁的，它的头前部长着一个尖形的颔（hàn）首，看起来很像树叶的叶柄。加上它身上的横测线，看起来很像叶脉。乍看上去，和树叶一模一样。

在危险重重的海洋世界中，叶形鱼没有锋利的牙齿，也没有强大的生命力，而且叶形鱼的数量非常少，尽管如此，因为它们这种很像树叶的特殊的体形，它们从未因为数量少和体型小而被大自然淘汰。

更令人称奇的一点是叶形鱼很少被渔民捕到，很多人不明白它是怎么逃脱的。但事实上，它的保护自身安全的方式看起来十分简单，但真正做起来又十分困难。它保护自身安全的方式就是隐身不见，隐身在树叶杂物之中。

当叶形鱼被渔人用渔网捞起时，它不会像其它鱼那样猛烈地挣扎，而是一动不动，就像真的是一片枯叶。而渔人也往往被它的障眼法所迷惑，在清理渔网时，随手捡起来扔掉，不去理会它，而叶形鱼也因此死里逃生。

叶形鱼体型小，也没有锋利的牙齿，因此，它以捕食更小的鱼和昆虫为生。它的捕食方法非常有特点，当它捕食的时候，它会躺在水中一小时、一天，甚至更长的时间不动声色。当有猎物靠近它的时候，它会仔细地甄（zhēn）别猎物的大小和强弱，只要是比它大一点或是性情凶猛的目标，它宁愿继续等也不愿冒险。而它认为可以攻击的猎物，它也不会鲁莽行事，而会来个突然袭击，十拿九稳地把猎物捕获，因为有这样的冷静与果断，叶形鱼才能

在身材、力量都不占优势的情况下捕到食物。

在动物界，动物拥有的每一项生存技能都能够保证使自己的安全提高一个层次，进而提高繁殖的可能性。这个简单的事实使各种动物进化出许多特殊的适应能力，这些能力可以帮助它们觅食，并使它们避免成为其他动物的食物。天然的隐身术是动物用来对付天敌和猎物的藏身之术，也是应用最广泛、变化最丰富的适应能力之一。

在动物界中，和周围的环境“合二为一”是最有效的防御方法。除了叶形鱼之外，梅花鹿、松鼠、刺猬、蜥蜴、青蛙等都具有这种能力，但叶形鱼的技能明显要更高一筹。

了解了这些生存技能之后，洋洋高兴地说：“真是想不到，这种小小的鱼儿居然隐藏着这么多的知识！看来以后一定要好好学习。”

安全小课堂

场景：

小朋友和父母一起到公共场合，如果不慎出现了和父母走失的情况，也就是爸爸妈妈像叶形鱼一样“隐身”不见了，找不到爸爸妈妈了该怎么办?

安全法则：

当在公共场合，比如商场、候车室、游泳馆等，与爸爸妈妈走散了，不要慌张，更不要到处乱跑乱闯，应该保持冷静，可以在原地稍等一会儿。同时可以请工作人员帮忙找到广播室求助。另外，爸爸妈妈要嘱咐孩子“遇事不慌”，千万不要随“好心人”到人少的地方或他的家中。

海底化装术——与环境相互配合的比目鱼

洋洋的舅舅在繁华的工人路新开了一家餐厅，洋洋和爸爸妈妈在开业那天去帮忙。舅舅的餐厅是以创意料理为主，很像居酒屋的感觉，客人来到这里品尝料理、小酌（zhuó）一番，缓解一下工作一整天的疲劳。

开业那天非常热闹，人来人往，忙完之后，已经是晚上九点了。舅舅拿出店里的招牌菜来招呼大家。菜端上来的时候，洋洋看到是鱼片状、闪耀着晶亮的油光的寿司。

舅舅介绍说："这是比目鱼寿司，为让味道更鲜美，已经放了两天。"

洋洋疑惑不解："舅舅，鱼肉放那么久，不是就不新鲜了吗？"

舅舅笑着说："比目鱼与众不同，因为刚杀的比目鱼，鱼肉还不够松，肉质也不够细滑，口感不够完美，一定要放上一到两天才可以。"

洋洋问："比目鱼这么奇怪？"

舅舅说："比目鱼奇怪的东西有很多呢。你要好好学习，才能够知道更多的知识。"

安全课前小问题

聪明的小朋友，你知道比目鱼有哪些与众不同的特点吗？比目鱼在危险重重的海洋环境中又是如何保护自己的呢？生活中，当看到武打动作时，小朋友们是不是也喜欢模仿呢？

比目鱼又叫鲽（dié）鱼，体型有大有小，栖息在浅海的沙质海底，依靠小鱼小虾为食物。比目鱼的外形特点非常奇怪，与其他鱼类不同，它的两只眼睛并不是分布在身体两侧，而是在一侧。

比目鱼的生活非常悠闲，平时它总是侧卧在海底的沙堤。它的身体的颜色也是不同的，朝上一侧的身体有眼睛有颜色，朝下一侧的身体没有眼睛也没有颜色，并且朝上一侧的颜色能随着环境颜色的变化而变化。比目鱼的这一特殊形态和颜色，是它在漫长的演化过程中，为了保护自己、抵御敌害所形成的特殊特点。

比目鱼的这一形态开始于仔鱼期。刚刚孵（fū）化的仔鱼，和其他鱼类并没有什么两样，身体左右侧对称，眼睛也是左右对称，即每侧一只眼睛，与其它鱼一样在水体上层游泳。

当小小的比目鱼长到15毫米以上时，它的身体就开始发生变化，它身体一侧的眼睛开始慢慢“搬家”，逐渐往头顶上挪动位置，并越过头的上缘，从另一侧往下移，直到和另一只眼睛接近时才停止挪动。

另外，在比目鱼一侧的眼睛移动位置时，背鳍也会发生变化，向前延伸，当一侧的眼睛移动越过头顶时，背鳍也延长到达头部后缘。因为比目鱼的两只眼睛都在头的一侧，使得原来对称的头骨也发生了变化。

随着眼睛位置的变化，比目鱼的生活方式也开始发生了变化。当两只眼睛移动到同一侧后，鱼就下沉到浅海底层，侧卧于水底生活，或在贴近底层的水中游泳。活动的时候，长有两只眼睛的一侧是向上的，没有眼睛的一侧是向下的。另外，有眼睛的一侧颜色会随着环境的变化而变化，而另一侧，多为白色。而且，朝下一侧的外形是平的，就像一尾鱼从中线剖开形成的半边鱼。

比目鱼除了有着特殊的外形，还有很强的自我保护能力，这个保护能力就是变色。它能在短时间内迅速地将自身体表颜色变化与周围的环境相似。这种变色的能力是非常强的，其他鱼类根本无法与它相比。通常，比目鱼的变色范围仅限于普通环境的颜色，对于黑色、白色、褐色、灰色、黄色等颜色，瞬间即能完成变色，变为红色要困难一些，对于蓝色和绿色要更长时间，有时需延长到半小时左右。这样的变色，当天敌出现的时候，是很难发现它的，比目鱼也通过这种方法，一次次死里逃生。

安全小课堂

场景：

明亮喜欢看武打剧，还喜欢模仿电视里的动作。这天，他模仿黄飞鸿的动作，打开一把伞，从二楼往下跳，结果摔伤了腿。

安全法则：

聪明的小朋友，电视剧中的武打动作，很多都是特效，一些高难度的动作也是专业的动作演员完成的，而且现场会有很多的保护措施。在生活中，千万不要学习危险动作，这是很危险的，很容易受伤。更不要将绳子绕在脖子上，以免被勒死。

分身大法——搭风车回家的蒲公英

元宵节的时候，商场举办了一个非常有意义的活动：猜灯谜赢大奖。每一个灯笼上面，都有一个谜语，谁猜出谜底，谁就能够得到相应的奖品。

其中的一个灯笼上面写着这个谜语：

小小伞兵志气豪，头顶白帽飘啊飘。飘到天涯与海角，四海为家任逍遥。

爸爸看了看，说："这个谜语的谜底，你是见过的。"

小明想了想，说："是不是洋槐花？"

爸爸摇摇头，同时也想出一个同样的谜语："小小降落伞，飘散到各处。身着小白衣，还有小绿裙。"

小明想了想，回答说："我知道了，是蒲公英。"

爸爸点点头。

小明问："蒲公英为什么会到处飞？"

爸爸说："这是蒲公英保护自己的方式。"

安全课前小问题

聪明的小朋友，你见过蒲公英吗？你了解蒲公英这种自我保护的方式吗？蒲公英随风飘走的时候，特别好看。生活中，很多人也喜欢玩类似的游戏，比如吹泡泡，可你知道吹泡泡的时候，怎么做才是安全的呢？

在我国，蒲公英是一种很常见的植物，别名又叫黄花地丁、婆婆丁等，它

的根部是圆锥形，表面是棕褐色的。它会开出一朵朵金黄色的花。其实，它不是一朵“花”，而是由很多朵花组成一朵，很多花形成一个花絮，每一朵花下面隐藏着一个很小的果。每一个果上，都长着很密很长的冠毛，这些带冠毛的小果组合在一起，就形成了一个毛茸茸的圆球。

蒲公英是一种很聪明的植物，它特别善于保护自己。它保护自己的方式，也会让你大吃一惊。它自我保护的方式就是保住种子，让自己不断地繁衍出新生命。

当有动物靠近蒲公英并想吞食它时，它会立即产生警惕心，只要动物稍微碰到它，它的花儿就像接到了警报一样，就会像天空中的降落伞一样，四散开来。它的花儿非常容易松散，在动物还来不及伤害它并吃它的时候，它就立刻变成无数的种子，飞向各处。

如果在这个过程中，能伴随着风，它就会飞的很远很远。它的身体特别轻盈，哪怕是微小的风，也能被它当作顺风车，“搭乘”它的“专机”飞到很远很远的地方，在那里安家，生根发芽，直到长出新的生命。

小明了解了蒲公英的知识之后，说：“蒲公英真是了不起。”

爸爸说：“蒲公英自我保护的方式可藏着很多的知识，你要好好学习，以后就会了解这些知识了。”

小明点点头。

猜到了谜底之后，小明找到了主办方，领到了一个玩具小熊维尼，小明高兴极了。

安全小课堂

场景：

吹泡泡是很多小朋友都喜欢玩的游戏，通过特制的液体，我们能够吹出一个个漂亮的泡泡，特别有趣。小明也喜欢玩吹泡泡，有一次妈妈在路边摊子上给他买了一壶泡泡水，他玩了之后，触到泡泡水的皮肤很痒，之后开始蜕皮，让人很担心。吹泡泡究竟怎么玩才安全呢？

安全法则：

1.市场上，泡泡水的生产商可谓是数不胜数，购买泡泡水，一定不能贪图便宜，要购买口碑好的品牌。

2.泡泡水溶液中的碱性成分会腐蚀儿童皮肤，并且含有香精具有许多不安全因素，应尽量少玩。

3.泡泡水是碱性的，很容易伤害皮肤，而且容易刺激呼吸系统。玩泡泡水时一旦吸入呼吸道，很容易引发吸入性肺炎，因此，吹泡泡时，和泡泡水要保持适当的距离。

百变高手——剧毒与隐身齐具的石头鱼

二年级期末考试的时候，洋洋考了双百，作为奖励，妈妈带他去上海东方明珠的海洋馆。

洋洋走进海洋馆，看到水族箱琳（lín）琅（láng）满目，里面有各式各样的海洋生物，让人叹为观止。

洋洋和妈妈先来到了鲨鱼馆，那里面有一个大池子，里面有许许多多的小鲨鱼，大部分都懒洋洋地趴在池底，特别可爱。忽然间一阵骚动，原来是有一条鲨鱼开始游泳了，那健美的身子真让人觉得它像一个活泼好动的小精灵。洋

洋和妈妈又排队排到了青青鱼的缸前，这里可以把手伸进去感受鱼给你带来的亲吻。洋洋把手伸进去，百十条小鱼游了过来，感觉痒痒的。

来到了蜘蛛蟹的领地前，所有的蟹看起来真像蜘蛛，它们横行霸道的样子活像威武的勇士。接下来他们到了石头鱼的水域，奇怪的是，洋洋一条都没看到。突然，下面有一块石头动了动，游上了水中央，原来石头鱼跟石头是一样的。

洋洋兴奋地说："原来石头鱼和石头是一样的。"

妈妈说："对啊，这是石头鱼的防身法宝，当它一动不动的时候，是不会被人发现的。不过，你不能摸它，石头鱼是有剧毒的。"

安全课前小问题

聪明的小朋友，你见过石头鱼吗？你知道石头鱼有什么好玩的故事吗？在生活中，当我们被石头锋利的边刃划破了皮肤，应该如何自救呢？

在介绍石头鱼之前，我们先说一个特别有意思的小故事。

传说在很久很久以前，天空中突然出现一个大洞，苍生百姓陷入水深火热之中。这一切恰好被经过的女娲娘娘看到，她十分难过流下伤心的眼泪，谁知眼泪滴落在地上，瞬间就变成了五彩斑斓的彩石，女娲娘娘决定用它补天。在补天的过程中，一不小心却掉到地球上一颗，这一颗落到大海里面，就变成了今天如同彩色礁（jiāo）石一样的"石头鱼"。

石头鱼的神话故事是特别有意思的。现实中的石头鱼，跟石头是一样的，样子非常奇特，身体长度大概有30厘米，总是喜欢躲在海底或者岩礁下面，将自己伪装成一块不起眼的石头。即使有人站在它的身旁，它也会一动不动，让人发现不了。

石头鱼的分布范围特别广泛，在很多海域都能见到，以热带及咸淡水交界为主。石头鱼的身体非常光滑，和其他鱼不同，它浑身上下没有一片鱼鳞，嘴巴的形状就像弯月一样，它的脊背呈灰石色，隐约露出石头般的斑纹。它的腹部是圆鼓鼓的，白里泛红，尾部扁侧稍窄。

石头鱼伪装成石头，一动不动，这不仅成为它自我保护的手段，也成为它捕食的方法。当小鱼小虾大摇大摆地游过来，石头鱼会不动声色地杵（chǔ）在那里，当这些食物游到它身边时，它会慢慢地张开嘴巴，将食物吞进去。随后依旧一动不动地杵在那里，等待新的食物主动送上门来。

石头鱼的背部有几条毒鳍，鳍下有毒腺，每条毒腺直通毒囊，囊内藏有剧毒毒液。当石头鱼的生命受到威胁时，会立即射出毒液。被刺者马上会痛苦不堪，伤口很快肿胀，继而晕眩，抽筋而致休克，不省人事。如果挽救不及时，就会丧命，非常可怕。

其实，石头鱼的毒鳍是用来防御强敌的，只有当生命受到威胁时，毒液才会释放出来，并非用以伤人。如不幸被刺中，最好是从速送往医院急救。

安全小课堂

场景：

在生活中，我们经常会用到各种刀具，比如用刀子削苹果、用剪刀剪纸片，如果不小心划破了皮肤，该如何自救呢？

安全法则：

当我们的皮肤被划破时，一定要记住，不能随随便便处理，这样可能会感染，引起更大的问题。正确的方法是这样的：如果是小伤口的话，可以用清水先稍微冲一下，然后再用消毒水消毒，然后再用家里备用的干净的纱布包扎起来。同时要保持患处不受细菌侵入；如果被划太深了，导致血流不止，首先要马上用纱布先按住伤口，防止血流过多，如果还是不行的话，可以用绳子或者布条绑在出血的位置上，然后用力勒紧，马上去医院，在去医院的路上，可以没几分钟就放松一下绳子，以免勒伤了手上的组织。

招后招——一招不行再来一招的乌贼

洋洋和爸爸一起去看魔术表演。洋洋看到了魔术师将一幅画放在那里，当魔术师的手挥过之后，原来一幅美丽的油画顿时变了颜色。原来的画是一幅冬天的景色画，雪白的世界，几棵干巴巴的树上落满白雪，树下地面、树后远山也都为白雪覆盖，突然这幅画变成了一幅秋天的景象，出现了片片黄色的树叶，原来被白雪覆盖的世界不见了。

接下来，魔术师接着又挥了挥手，整个画面又变成了夏天，一幅绿油油的景象，原来的黄色的树叶不见了，远山含烟滴翠，变成了一派绿茸茸的夏天景色。这个魔术让现场所有的观众都目瞪口呆。洋洋一路上都在感叹魔术师太神奇了，居然可以让四季呈现在一幅画里。

他好奇地问："爸爸，你知道这个魔术是怎么变出来的吗？"

爸爸说："这个魔术的奥秘就在作画用的原料。这种原料是氯（lǜ）化钴（gǔ）。这种物质的颜色会随着温度的变化而变化。"

洋洋听完后点点头。

爸爸说："你最近不是喜欢收集各种动物保护自己的方法嘛，其实，乌贼也有，它的方法就是变魔术！"

洋洋问："真的吗？"

安全课前小问题

聪明的小朋友，乌贼是不是真的会变魔术呢？在大海里有各种危险的鲨鱼，乌贼是如何进行自我保护呢？

动物界中最厉害的魔术师要数乌贼了。乌贼是生活在海水中的软体动物，它的身体看上去像个橡皮袋子，还长有一船形石灰质的硬鞘（qiào），内部器官包裹在袋内。

生活在海水中的乌贼，一旦遇到危险，比如被海豹、海狗等围剿的时候，乌贼会左右招架，时而喷出浓厚的墨汁，时而用触手拼命抽打。如果无法突出包围的话，乌贼就要施展它独一无二的"魔术"了。

几乎是转瞬之间，乌贼就从海狗或者海豹的包围圈中消失得无影无踪，即便是人到了那里，也很难找到它。

乌贼究竟跑到哪儿去了呢？原来，它变了个很厉害的魔术，将自己的体色变成了珊瑚礁的颜色，沉到下面去了。原来，乌贼有一种神奇的本领，原本黑色的身躯，转眼之间就变成了褐色、赤红或者黄色。

乌贼怎么会变色呢？

经过研究，动物学家发现乌贼的表皮上有红、黑、褐等色素细胞。这些色素细胞的周围有放射状的肌纤维丝，可以使色素细胞伸缩自如。

于是，乌贼通过自身的神经调节，就可以根据周围的环境，随心所欲地作出改变，改变自己身体的颜色。

当然，这种变色的技能和喷墨一样，不到关键时候是不会轻易使用的。因为它储存色素需要相当长的一段时间，而且每一次变色，对自身也有很大的伤害。

了解了乌贼的知识之后，洋洋高兴地说："原来乌贼还有这么多的秘密呢，看来下次一定要好好研究一下乌贼。"

安全小课堂

场景：

星期天，小龙独自一个人在花园里玩。这个时候，过来一个陌生人对他说，你的爸爸被汽车撞了，正在医院里急救，你跟我一块儿去找你的爸爸。这时候，该怎么办？

安全法则：

在这种情况下，不要轻易相信他。如果旁边有警察叔叔，可以向警察叔叔报告情况。如果暂时找不到警察，就向人多的地方走。事后要赶紧跟爸爸取得联系，确定爸爸是否出事。

水下魔鬼——力大无穷的蝠鲼

洋洋从奶奶那里学到了一项技能——剪报，奶奶说，现在是一个信息社会，必须要时刻学习，同时将收集来的信息分门别类，不仅能开拓视野，还能够养成良好的读书习惯。

洋洋记住奶奶的话，跟奶奶学会剪报后，还学到了不少新知识。

这天，洋洋在报纸上看到这条新闻：

8月3日凌晨2时许，一艘临高籍渔船在距离三亚70海里的海域出海作业时，捕获到了一条素有“海上巨人”以及“魔鬼鱼”之称的蝠鲼（fèn）。尽管这条面容特别的“魔鬼鱼”重达3000多斤，连最凶猛的鲨鱼也不敢袭击

它，但是它依然无法逃脱人类对它的无情杀戮，从而被人们送上餐桌成了美味佳肴。

看到这则消息之后，洋洋心中产生了一连串的疑问。带着这些疑问，他跑到厨房向正在做饭的爸爸求助，“爸爸，原来海洋里最厉害的不是鲨鱼，而是魔鬼鱼，它一定特别凶猛吧？”

爸爸摇摇头，回答说：“魔鬼鱼不但不凶猛，还特别温柔。”

洋洋问：“魔鬼鱼特别温柔？那为什么连最凶猛的鲨鱼也不敢袭击它？魔鬼鱼是什么样子的？”

安全课前小问题

聪明的小朋友，你见过魔鬼鱼吗？魔鬼鱼到底有什么绝技，连最凶猛的鲨鱼也不敢袭击它？在炎热的夏季，我们喜欢在河里游泳，像鱼儿一样自由自在，可你知道在河里游泳存在一些潜在危险吗？

蝠鲼，又称为魔鬼鱼，魔鬼鱼身体庞大，扁平呈现菱形状，眼睛看起来像灯泡那么大，嘴巴像拱形门一样大，它的双鳍完全舒展开来，有5米左右，它的背像一条木筏子一样大，可站上7个大人。

成年的魔鬼鱼的长度可达8米，重达3吨，有强大的胸鳍，远远看上去就像鸟儿的翅膀一样，身体后部有一条又圆又细的尾巴。因为它的外形看起来很吓人，所以被称为魔鬼鱼。

在过去科技不发达的时候，很多渔民见到魔鬼鱼都非常害怕，他们没有见到过体型如此庞大、体型如此奇怪的鱼儿，再加上魔鬼鱼常常喜欢搞恶作剧，有时它会趁渔民不注意的时候，悄悄游到小船底部，用体翼敲打着船底，使船发出“呼呼、砰砰、啪啪”的响声，这些响声让这些渔民惊恐不已。有的时候，它又用头鳍把自己连在小船的锚链上，拖着小船跑来跑去，一时快一时慢，使很多渔民认为这是“魔鬼”在作怪，这实际上是魔鬼鱼在作怪。

据动物学家介绍，魔鬼鱼在海洋中已有将近1亿年的历史，是原始鱼类的代表，虽然它们身体庞大，但它们的食物特别简单，和常见的鱼群一样，主要以浮游生物和小鱼为食，经常在珊瑚礁附近巡游觅食。另外，它们的性情温和，一般没有攻击性。但是，当它受到惊吓的时候，会变得暴躁易怒。它不像鲨鱼那样有锋利的牙齿可以吃人，但却依靠庞大的身躯及强大的力量，去摧毁周围的东西。动物学家研究发现，魔鬼鱼在受到惊吓的时候，它的力量足以击毁船只。

魔鬼鱼的头鳍翻着向前突出，可以自由转动，魔鬼鱼就是用这对头鳍来捕食，它的胃口大，会将食物赶到一起，然后张开大口将食物吞食。由于它的肌力大，所以连最凶猛的鲨鱼也不敢袭击它。魔鬼鱼喜欢成群游泳，有时潜栖海底，有时雌雄成双成对升至海面。在繁殖季节，魔鬼鱼有时用双鳍拍击水面，跃起在空中翻筋斗，能跃出水面，在离水一人多高的上空“滑翔”，落水时，声音犹如大炮，几里路之外都能清楚地听到，非常壮观。至于魔鬼鱼为什么要跳出水面？至今仍是一个谜。

在中国的南海，魔鬼鱼整年都可以看到。由于魔鬼鱼浑身是宝，它的肉可以吃，肝可以制油，内脏和骨骼可制鱼粉，具有非常高的药用价值，市价很高，近年来被渔民大量捕杀。为防止过度捕杀，魔鬼鱼已经被作为濒危物种进行保护。

场景：

炎热的夏季里，下河游泳成了很多人，包括小朋友们的消暑爱好。很多人为图一时的凉爽，纷纷来到河中游泳。虽然可以做简单的防护，这样做还是很危险的，水下面的情况谁也不清楚。

安全法则：

聪明的小朋友，任何时候都不要独自一人外出游泳，更不要到陌生水域去游泳。不要认为自己的水性好，就可以放松警惕，民间有句话，“淹死的都是会游泳的”，就是认为自己会游泳，放松了警惕。另外，在游泳池游泳前一定要做好热身运动，如果太饱、太饿或过度疲劳时，不要游泳，下水前应在四肢上撩些水，然后再跳入水中。

伪装大师——细细长长的竹节虫

暑假的时候，洋洋去乡下爷爷家过暑假。爷爷居住的村子里，有一大片郁郁葱葱的竹林，竹林中间还住着一户人家。

这天，洋洋和小伙伴去竹林里玩，看到竹林里挂着一块牌子，上面写着一首诗：无肉使人瘦，无竹使人俗。宁可食无肉，不可居无竹。

这首诗是宋代有名的文学家苏东坡所写，这首诗特别有意思，读起来朗朗上口，洋洋很快就会背诵了。

在竹林愉快地玩了一上午，离开的时候，他准备摘几片竹叶回去当书签。忽然，他发现一片翠绿的“竹叶”，他伸手就去摘，却没想到，“竹叶”竟然飞了起来。洋洋仔细一看，原来是一种昆虫，从外表上看很像竹叶。

洋洋问身边的小伙伴：“浩浩，这是什么呀？”

浩浩看了看，回答说：“竹节虫。”

安全课前小问题

聪明的小朋友，你见过竹节虫吗？你知道竹节虫是如何保护自己的吗？

动物世界中，善于自我保护的动物比比皆是，然而，真正称得上是自我保护专家的非竹节虫莫属了。竹节虫生活在热带和亚热带地区，在我国的云南、湖北、贵州等地随处可见。竹节虫常常在晚上出来活动，吃植物的叶子。竹节虫没有锋利的牙齿，没有锋利的爪子，身体机能脆弱，不能像七星瓢虫一样能飞，不能像螳螂一样跳跃。就是这样一种昆虫，却有着极为强大的自我保护能力。

常见的竹节虫身体呈现出翠绿色，脑袋尤其突出，很像动画片中的大头儿子，占身体比例大，有瓜子壳那么大。整体来说，竹节虫的前胸很短，后胸和中胸长长地伸展出去。除了这些特征之外，它还有一对非常奇怪的翅膀，又窄又长的薄翼上全是一道道脉络，密密麻麻地形成网状，仿佛两片干枯的树叶。

竹节虫的天敌很多，树林里各种以昆虫为食的鸟类，甚至蚂蚁，都是它的天敌。在这样一个“树敌”颇多的自然环境里，竹节虫如何进行自我

保护呢?

它自我保护的手段就是依靠以假乱真的“伪装”，可以说，竹节虫算的上是一个变幻莫测的大师。在危机重重的白天，当其他动物忙着捕食猎物的时候，它几乎一动不动，靠着小小的脚丫紧紧贴在植物上。它的身体颜色会随着周围环境的变化而变化，这使得它看起来就像是嫩枝或叶子的一部分，有风吹来，它也随之摇摆。它的天敌根本不容易发现它，即便是踩在竹叶虫的身体上，如果不仔细辨认，也都无法发现它。

除了伪装之外，它还是有名的“装死大师”，在动物界，有一些动物也会装死，但却没有竹节虫装的像，它装死时，身体还会分泌出一股腐烂的味道，让天敌误以为它是真的死了。

当有天敌突然落在竹节虫身边的时候。它感觉到危险迫近，便会像树叶一样自动从树上掉下去，同时收胸拢足，一动不动，保持这种姿势几分钟，几乎不露任何破绽。即便被天敌发现，但闻到它身上的腐烂味，也会认为它真死了，就会放过它。一旦竹节虫感觉危险解除，它便伺机溜之大吉。

安全小课堂

场景：

在生活中，很多小动物都会伪装，比如毛毛虫。小朋友们一不小心就会触摸到毛毛虫，而且，这些毛毛虫还会时不时地从树上掉下来，落在人的身上，有时这些毛毛虫会吐着长长的丝，从树上倒挂下来，路过的人不小心碰到也会被蜇伤。毛毛虫很多都有毒，这时该如何自救呢？

安全法则：

毛毛虫碰触到人的皮肤，它众多的刺毛会折断在人的皮肤上，刺毛上的毒液会注入人的皮肤内引起皮肤剧烈瘙痒与疼痛。而且，被蜇伤的皮肤上可能有小丘疹，痒痛症状可持续数小时或更久。

如触到毛毛虫，或者身上落有毛毛虫，不要紧张，不要乱拍打，应轻轻抖掉。皮肤上如沾有毒毛，可用医用胶布把毒毛粘去。若一时找不到医用胶布，可用透明胶纸代用。千万不可抓挠或乱摸。如果全身有不良反应，如发热、头痛、腹痛等，应立即就医。

一石二鸟——骑着小动物搬家的苍耳

小明和爸爸妈妈一起帮爷爷奶奶去地里摘棉花。摘了一趟棉花，从田里走出来时，小明发现衣服上有许多带刺的小球，它们牢牢地粘在裤腿上。

"讨厌！"小明费老大劲才把这些小东西弄掉，小明问："这是什么啊？怎么有这么多刺？"

爸爸说："这是苍耳的种子，咱这的方言叫它羌子。小时候我们经常拿这个东西和别人开玩笑，往别人头上一撒，要花很大功夫才能摘掉。"

小明问："这个苍耳为什么会有这么多刺？"

爸爸回答说："这是苍耳的聪明之处，它的果实上长着刺，是一石二鸟之计。"

小明问："怎么个一石二鸟之计呢？"

爸爸回答说："首先，苍耳的果实上长着刺是为了保护果实，避免被动物吃掉。其次，如果有动物碰到它的果实，果实的身上因为长着刺，就很容易挂在动物的身上，去到其他的地方，在那里生根发芽。"

安全课前小问题

聪明的小朋友，你见过苍耳吗？在大自然中，很多植物会结出诱人的果实，可你知道这些果实能不能食用呢？究竟怎么食用才安全呢？

在大自然中，苍耳是很不起眼的。可偶然之间，当你注意到它的时候，它已经长得体型庞大了，周围的杂草全部"拜倒"在它的周围，这一切都在不知不觉之间发生的。

在我国的很多地方，都能见到苍耳的身影，它多生于原野、荒地、村落、城镇旷地及路边。苍耳的苗一般高为50厘米，茎非常粗糙，上面分布着很多棱条，茎的中部是空心的，周身上下长满白色的短毛，身体上部分的茎是绿色的，长有紫色条斑。它的叶子形状很奇怪，看起来像是人的手掌一样，长8厘米，宽6厘米左右，边缘有不规则的锯齿。

最奇怪的要数它的果实了，看起来像个小小的橄榄球，周身全部是尖尖的小刺，很容易挂在动物的皮毛上面。如果我们的衣服不小心碰到它，它就会紧紧地依附在我们的身体上，要花费很大的劲才能摘掉。

苍耳是很聪明的植物，它的果实上长着很多的小刺，其他动物看到它，就不敢轻易地去吃它的果实，不然这些尖尖的刺就会扎伤动物的嘴巴。

一株苍耳会结出很多的果实，因为它不会行走，要想让这些种子生根发芽，就必须借助其他的力量，而动物就是它们免费的“交通工具”。一般来说，动物的身上都长着毛发，当苍耳的果实成熟的时候，一旦动物的毛发碰到它，它就会紧紧地依附在动物的毛发上，“乘坐”动物到其他的地方，继而生根发芽、繁殖后代。

因此，在一些原野、荒地、村落、城镇旷地及路边，我们都会看到苍耳，就是因为这些地方经常有动物出没，它们依附在动物的身上，到达别的地方之后，就会掉下来，生根发芽，在那里安家。

学习了苍耳的知识之后，小明说：“原来植物是那么得有趣。对了，苍耳的果实能不能吃呢？”

安全小课堂

场景：

十一黄金周的时候，子恒和爸爸妈妈一起到山上去游玩。当时，恰好是丰收的季节，漫山遍野的野果进入了成熟阶段。爸爸在爬山的同时顺手摘了几颗路边的野果，尝尝滋味，子恒也吃了一颗。结果，当天晚上，子恒就开始拉肚子，并伴随着头疼、发热。野果究竟能不能吃，应该怎么吃才安全？

安全法则：

在我国，比较常见的野果有40余种，有接近20种可以直接食用，比如酸枣、山楂、柿子、沙果、山葡萄、板栗、毛榛等，其他的一些野果，比如枸杞、金银木、白玉兰等果实酸涩，不宜食用。有的还会让人产生头晕、恶心、腹泻等不良反应。

在野外，食用野果的时候，很多还需要清洗，而这往往条件不允许。因此，为安全起见，尽量不要食用野果。

第5章　靠山之王——寻找靠山防御的动物

找呀找呀找朋友，找到一个好朋友，敬个礼，握握手，你是我的好朋友！动物也有自己的好朋友，而且好朋友之间互相帮助，共同捕食，共同对付敌人，这是动物保护自己的又一法宝。

聪明的小朋友们，你知道什么是寄居蟹吗？

你知道小丑鱼的保护伞是什么吗？

你知道拳击蟹的好朋友是谁吗？

你知道顺风耳是谁的绝招吗？

你知道犀牛鸟的好朋友是谁吗？

你知道……

现在，将带你去寻找一些动物们的好朋友，看动物的好朋友之间是如何互帮互助的。

星期六的下午，洋洋和爸爸一起逛花鸟鱼虫市场。在市场上，洋洋看见了一个小小的贝壳，非常精致，上面绣着很多美丽的花纹，颜色也非常独特，蓝色和白色相间非常好看。正当洋洋看得出神时，贝壳里面却慢慢地伸出了两只脚，吓了他一跳。

洋洋认真地看了看，发现这只小动物像螃蟹又像虾，觉得很奇怪。

他问身边的爸爸："爸爸，这是什么？"

爸爸看了看，说："这是寄居蟹。"

"寄居蟹？"洋洋疑惑不解，"寄居蟹是什么蟹？"

爸爸回答说："你从它的名字就应该知道了，它总喜欢把别人的壳占为己有。这样，我给你买一只，你拿回去养着，就知道它的特点了。"

洋洋很高兴，便让爸爸给他买了一只寄居蟹并拿回家养起来。回家后洋洋拿出一个金鱼缸，小心翼翼地灌满水。在爸爸的指导下，又放进去两块石头和一个苹果，端到窗台上。做好准备工作后，把寄居蟹放进它的新家里，洋洋就躲在一旁偷偷看起来。

没过多久，寄居蟹就开始活动了，它先是很谨慎地伸出四个须子，探了探周围的环境，发现没有危险就把红色的螯（áo）伸了出来，紧接着把头也伸出来。

侦查了周围的环境，确定安全之后，寄居蟹开始放心地走动了，驮（tuó）

着它那漂亮的“大房子”一步一步地爬到石头上，挥舞着它那一大一小的螯，非常有趣。

第二天一大早，洋洋就去鱼缸前看寄居蟹，发现寄居蟹不见了。他急忙寻找，最后才发现它在花叶下面舒舒服服地睡大觉呢。

安全课前小问题

聪明的小朋友，你见过寄居蟹吗？通过上面的事情，你是不是已经了解寄居蟹的一些特点了呢？寄居蟹遇到危险时，会躲起来，当小朋友遇到危险时，应该跟寄居蟹学习什么呢？

生活中，我们经常能听到“蹭（cèng）饭”这一说法，意思是白到别人家吃饭或跟着别人吃饭，自己不掏钱，可你听过蹭房的吗？就是不住自己家，整天在别人家住。寄居蟹就是大名鼎鼎的蹭房专家。

在黄海及南方海域的海岸边，经常能看到寄居蟹的身影。不过，这通常得需要你动手翻翻岩石，没准就能在岩石缝里找到它，有时候在竹子节、珊瑚、海绵等其他地方也能看到它们。寄居蟹的蹭房方式非常霸道，常常是将软体动物吃掉，把人家的壳占为己有。随着它身体越来越大，会换不同的壳来寄居。

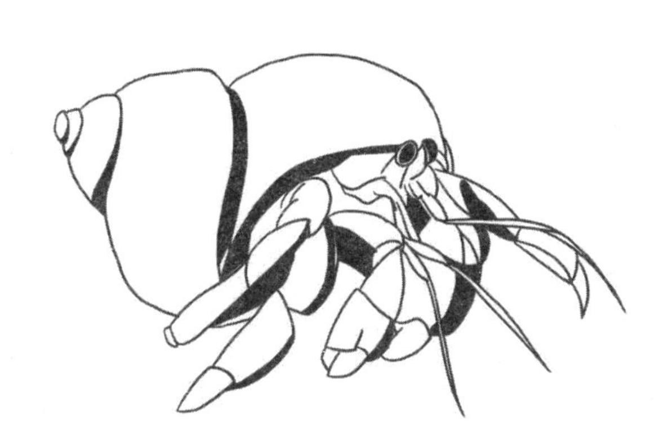

一般成年的寄居蟹，长度要超过10厘米，表面和边缘生有许多刺状突起，脚上长有刺。

寄居蟹属于软体动物，身体非常软，而且体形很大，很容易成为天敌的食物。为了保护自己，寄居蟹需要躲起来，寄居在其他动物的壳里，保护自己柔软的身体。

寄居蟹在寄居的过程中，还会寻找帮手，比如海葵。寄居蟹寄居在别人的壳里，为了保持平衡，会在不同的地方安排大小不一的海葵。海葵大多具有很大的触手冠。当寄居蟹驮着海葵前进时，海葵的触手冠会随着水流不断摇晃，张牙舞爪的猛一看挺吓人的。

当然，海葵也属于蹭房的，它可不会吃亏。寄居蟹驮着它，它不仅不用行走，还能获得“免费”的居住地，偶尔在寄居蟹觅食时，还能捞点碎屑尝尝。

不过，寄居蟹可是没有那么单纯，只有在大难临头的时候，才寻求海葵的帮助，它们才是朋友。当危险解除时，它就会逐渐放弃，甚至在饥肠辘（lù）辘时，还可能吃掉海葵。

安全小课堂

场景：

明明外出时，遇到有人打架。好奇的明明上前围观。结果被连累，不仅摔了一跤，还磕破了手，实在是倒霉。聪明的小朋友，当遇到有人打架时，要学习寄居蟹，躲起来保护自己。

安全法则：

聪明的小朋友，当遇到有人打架时，要做到不围观、不起哄、不介入。如果是小朋友之间打架，要迅速向老师和父母报告，以避免事态扩大。如果是大人打架，要躲起来，千万不可上前围观，以免受到无辜伤害，同时要立即打电话报警。

保护伞——与海葵共生的小丑鱼

“五一”劳动节的时候，洋洋和妈妈去了海洋馆，海洋馆人山人海。在那里，洋洋看见了各种各样的鱼，看到了最大的鲨鱼有两米多长，还有罗非鱼、娃娃鱼、鳄鱼等，五彩缤纷的鱼让洋洋都看花了眼。

他和妈妈还去了海洋隧（suì）道，一进去，闪在眼前的全是鱼，洋洋感觉眼睛都不够用了，不知看哪里才好，鱼太漂亮了，有很多种他没有见过，更叫不上名字，颜色也很漂亮。

在玩的过程中，妈妈一会儿叫他看这个，一会儿又叫他看那个，这个吃得很胖，那个又扁又大还有尾巴，这条很大，那条比这条还要大。这些鱼好像在洋洋身边飞来飞去，洋洋觉得自己是在童话世界里。

洋洋指着一群五颜六色的小鱼说：“这些鱼真好看，五颜六色的，比金鱼还好看，它们叫什么名字？”

妈妈回答说：“小丑鱼。”

洋洋觉得不可理解，“这些小鱼长的这么好看，为什么要叫小丑鱼呢？”

妈妈听完后哈哈大笑，回答说："它的名字是中国人取的，这个小丑鱼和长得丑不丑没有什么直接关系，而是这种鱼艳丽的色彩和娇小的身形以及胆怯的性格，很像戏剧中的小丑，所以才给它取名为小丑鱼。"

洋洋恍然大悟，问："小丑鱼在海洋里是怎么生存下来的？它不会被其他鱼吃掉吗？"

安全课前小问题

聪明的小朋友，你知道小丑鱼是如何在危险重重的海洋环境中生存下来的呢？在日常生活中，当我们遇到危险的时候，又可以从小丑鱼身上学习到哪些自我保护的知识呢？

小丑鱼在我国南海地区经常能见到，它们的身体五颜六色，很艳丽，最多的是黄色、橘红色、粉红色，长度大约5~6厘米。

这些小丑鱼的身体颜色不是单一的，它们的脸上都有一条或者两条白色条纹，就好像是中国传统戏剧中的丑角，所以就被取了小丑鱼这个名字。实际上，这些小丑鱼特别好看，叫它们小丑鱼实在是不公平。

小丑鱼非常聪明，它们属于群居性动物，有血缘关系的鱼儿会住在一起，通常是几十条鱼儿组成一个大家族。另外，小丑鱼的家庭中，也有长幼、尊卑之分，如果有的小鱼儿犯了错误，就会受到惩罚，会被其他鱼儿冷落。而如果有的小鱼受了伤，大家又会一起照顾它。小丑鱼之间就这样互亲互爱，自由自在地生活在一起。

然而，在危险重重的海洋中，小丑鱼因为色彩艳丽，经常会引起天敌的注意，很容易惹来杀身之祸。不过，小丑鱼足够聪明，找了一个很厉害的帮手——海葵。

海葵是无脊椎动物中的腔肠动物，经常生活在浅海中的珊瑚和岩石之间。海葵虽然是软体动物，但却穿着一身“软猬甲”，它的触手中含有有毒的刺细胞，这使得很多海洋动物不敢贸然接近它。不过，海葵由于行动比较慢，捕食比较困难，经常饿肚子。

后来，小丑鱼遇到了海葵，它们达成了共识，小丑鱼每天会带来食物与海葵分享，而海葵就充当小丑鱼的“保护伞”，当小丑鱼遇到危险时，海葵会用自己的身体将它们包裹起来，保护小丑鱼。就这样，海葵和小丑鱼之间互帮互助，成功地在危险重重的海洋环境中生存了下来。

安全小课堂

场景：

放学的时候，有的小朋友会认为家距离学校比较近，经常一个人回家。其实，这种情况下，往往是不安全的。如果遇到坏人盯梢，跟着你，你该怎么办?

安全法则：

当遇到坏人盯梢时，要寻求帮助，你可以到距离你最近的十字路口，向正在执勤的交警叔叔求助，或者直接说后面有坏人跟着你。如果坏人威胁你跟他走，就叫喊着奔向人多的地方；如果知道这时家里没人，千万不要往家里跑。

聪明的小朋友，在生活中，我们也要跟小丑鱼学习一下自我保护，任何时候都不要一个人，要找个好朋友和你一起。

鸡毛当令箭——举着海葵的拳击蟹

暑假的一天下午，洋洋和几个小伙伴到河边去捉螃蟹。到了河边之后，看到清澈的河水，几个小伙伴兴奋地跳下去。

洋洋曾经听老师说过，为了减少被天敌发现的可能性，加上为了减少水分蒸发，螃蟹一般都喜欢躲在石头底下。根据这个规律，洋洋用力搬开一块石头，没有发现螃蟹；又搬开身边的另一块石头，还是没有。

洋洋想了想，可能是浅水处的螃蟹少，去深一点的地方可能有。他向水深的地方迈了几步，搬开一块石头。哇！好大一只螃蟹！洋洋担心它跑了，不顾一切地伸手去抓。谁知道螃蟹竟然用大钳子紧紧夹住了洋洋的手指，痛得他哇哇直叫，他拼命地甩，可怎么也甩不掉。

这个时候，小伙伴冰冰让他赶紧把手伸到水里面，终于甩掉了它。

看看手指，都快出血了，洋洋再也不敢轻易下手了。

冰冰对他说："你这样抓肯定不行，看我的！"

说完，他看到了一只螃蟹，从螃蟹的背面入手，一指按住盖子，一指按住脐，轻松就把螃蟹抓住了。

"咦，这是什么螃蟹？我还从未见过呢。"冰冰说。

大伙儿围上去，发现这只螃蟹长了两个像拳击套一样的大钳子，大伙儿都说不认识。恰好这时，村里的老渔夫李爷爷路过，听到动静凑上前看了看，解开了大伙儿心中的疑惑。

原来，这个长了两个像拳击套一样的大钳子的螃蟹，是拳击蟹，只是内陆比较少见，主要分布在东南亚至澳洲的珊瑚礁海域。

安全课前小问题

聪明的小朋友，你见过拳击蟹吗？光听名字就很有趣，它是像拳击手一样会连环出拳吗？螃蟹身上长着的两只拳击手套，是用来防身的吗？生活中，当我们一不小心被螃蟹夹住时，该怎么自救？

提起拳击蟹这个名字，听起来似乎很霸气，你也许会认为这家伙长了两个像拳击手套一样的大钳子。不过，当你仔细观察它们的时候，也许会大失所望，因为拳击蟹的两只拳击套一点都不大，甚至比其他种类的螃蟹还要小。但是怎么会叫作拳击蟹呢?

另外，它所拥有的拳击套并不是它本身长出来的，而是从别的动物那里“借”来的。在海洋环境中，谁会将自己的“拳击手套”借给别人呢?

原来，在海洋环境中，拳击蟹只是一种很普通的螃蟹，没有锋利的牙齿，也没有尖利的爪子，它的肉的味道还特别鲜美，很容易成为其他大鱼大虾的食物。不过，幸运的是，虽然它没有锋利的牙齿和爪子，却有一颗非常聪明的大脑。经过长期的观察，它发现海葵是有毒的，只要出去捕食的时候，就会拿上两个小海葵当作武器，以减少天敌的伤害。

为了防止天敌的伤害，拳击蟹会时刻抓住海葵，并将它像玩具绒球一样挥来挥去，用海葵有毒的肢体挡住潜在的敌人，还有一些拳击蟹会举起海葵并将其连接在自己的硬壳上，以吓退攻击者。

通过前面的学习，我们已经知道，海葵的行走比较慢，捕食困难，有了拳击蟹的帮助，它就能捕捉到更多的食物了。

安全小课堂

场景：

随着生活水平的提高，螃蟹逐渐走进千家万户，成为饭桌上的一道美味佳肴。在做螃蟹的过程中，如果不小心被螃蟹夹住了怎么办？尤其是小朋友，当被螃蟹的“大钳子”夹住时该如何处理？

安全法则：

螃蟹的“大钳子”是它的自卫和进攻的武器，如果不幸被螃蟹夹住了，千万不要用力甩，这样螃蟹只会夹得更紧。这时，你只需要让螃蟹的八只脚接触到桌面（或地面），使它能够跑，这样它的钳子就会松开，并准备逃跑。否则，即使将它的钳子弄断下来，也是死死夹住的。

免费航空——进入鸟肚里的樱桃

家里的樱桃成熟了，爷爷和奶奶专门摘了一大包，从老家带到城里，给小

明吃。

小明高兴极了，这些樱桃不仅好看，还很好吃。

小明一边吃一边说：“樱桃真好吃，居然给我带了那么多。”

奶奶笑着说：“如果不是被鸟儿给吃了，我还能带更多呢。”

小明问：“小鸟真是讨厌，居然跟我抢樱桃吃。”

爸爸说：“这也不能怪小鸟，这是樱桃故意让小鸟吃的，这样樱桃可以乘坐免费的航空，到其他地方安家。”

小明觉得不可思议，樱桃被小鸟吃了，对樱桃来说已经很可怜了，怎么是故意让小鸟吃的？这到底是怎么回事呢？

安全课前小问题

聪明的小朋友，我们很多人都吃过樱桃，樱桃又香又甜，在果实成长的过程中，可你知道，它是如何保护自己的果实的吗？很多时候，我们为了摘到高处的果子，需要爬树，或者单单是为了好玩而爬到树上去。爬树的时候，有很多危险，这些你都知道吗？

我们都见过并吃过樱桃。樱桃是圆圆的，鼓鼓的，有的樱桃看上去像金鱼的眼珠子，有的像晶莹剔透的珍珠，还有的像玛瑙，非常好看。

樱桃的颜色并不是单一的，而是五颜六色的。有的樱桃的颜色是深红色的，有的樱桃一面是红，一面是橙，还有的樱桃一面是橙，一面又有点黄。

如果你用鼻子轻轻地闻一下樱桃的味道，就会感觉到一阵淡淡的、又酸又甜的香味。如果你用手轻轻一摸它的薄皮，你会感觉到它的皮柔软而且光滑油亮，就像小孩子的皮肤一样。樱桃的味道非常鲜美，让人回味无穷。

樱桃的果实如此美味，在成长的过程中，它是如何保护自己的呢？

只要你细心观察，就会发现，樱桃在未成熟的时候，果实又酸又涩，特别难吃，吃到嘴巴里面，根本难以下咽。只有当成熟的时候，它才会又香又甜。

樱桃不能像猪、牛、羊一样，可以到处走动，可当它的果实成熟时，是如何繁殖的呢?

当樱桃成熟的时候，它的果实会散发一种诱人的香味。很多小鸟闻到味道之后，就会竞相吃它。要知道，樱桃果实里面的种子是非常结实的，它有一层特殊的物质，鸟儿吃了它之后，只会消化掉外面的一层果肉，而里面的种子根本不会消化。

一段时间之后，樱桃的种子会随着小鸟的粪便被鸟儿排出。因为小鸟的粪便含有很多的营养，能够满足樱桃种子的需要，这样，樱桃的种子就会生根发芽，重新长出一棵新的樱桃树出来。

小明明白了这一切之后，高兴地说："真是难以置信，原来樱桃那么聪明。"

爸爸笑着说："对樱桃来说，它进了小鸟的肚子，等于免费乘坐了一趟航空，是非常自在的。"

安全小课堂

场景：

秋天的时候，小区里很多的果子成熟了。多多看到一棵树上的果子非常诱人，就偷偷爬上去摘果子吃。由于树枝太细，他用脚踩的时候，树枝折断了，他从上面摔下来。幸运的是，他只是擦破了脸，身体其他部位没有受伤，虚惊一场。

安全法则：

爬树是一种很好的亲近自然的方式，父母们一定要鼓励孩子们爬树，这是有科学依据的，但是需要做好保护措施。

首先，爬树要有专业的工具，类似攀岩，绝不是简单的徒手爬。

其次，爬树时要做好防护措施，正确判断树干的承重，不要爬得过高，更不能在树上游戏打闹。

顺风耳——能听千里的神兽

有一天下午，有十多只猫头鹰落在小区几棵高大的柳树上，看样子要在这里过夜。洋洋以前只听说过猫头鹰，但还从未见过。这次，他决定好好地观察一下。

经过观察，他发现这些猫头鹰个头都很大，两只翅膀展开后有30～40厘米长。这些猫头鹰头部宽大，酷似猫头；嘴和爪都呈钩形，十分锐利；两只眼睛位于头部正前方，视野非常广阔。

洋洋回到家，问妈妈："猫头鹰吃什么？"

妈妈回答说："吃老鼠。"

洋洋又问："那这些猫头鹰怕什么？"

妈妈想了想，回答说："猫头鹰怕的有很多，比如，苍鹰、猎隼（sǔn）、雀鹰等，这些都会威胁它的生命。"

"那它怎么去躲避这些敌人？"洋洋问，"对了，猫头鹰吃老鼠，可是这大白天的哪里有老鼠啊，它们以鼠类为食岂不是要饿死了？"

妈妈回答说："不是这样的。猫头鹰是白天睡大觉，晚上才出来活动。一来可以躲避敌人，二来可以捕捉老鼠。"

洋洋说："猫头鹰的视力这么好，居然大晚上都能看到老鼠？"

妈妈回答说："不是，猫头鹰抓捕老鼠，依靠的是它的顺风耳，稍微有风吹草动，它就能察觉到。它的自我保护也是依靠它的顺风耳。"

安全课前小问题

聪明的小朋友，你见过猫头鹰吗？猫头鹰的顺风耳是怎么回事呢？它靠着顺风耳捕捉食物和躲避敌人，我们从猫头鹰的身上，能学到自我保护的方法吗？

一直以来，猫头鹰白天躲起来休息，夜里捕捉老鼠。很多人猜测，这也许是因为猫头鹰视力比较发达，可事实却并非如此。

如果你仔细观察，会发现猫头鹰的眼睛又圆又大，非常有特点。它的眼睛构造和普通的动物并不一样，白天由于日光照射，光线太强，它的视力反而特别弱。因此，猫头鹰总是白天睡大觉。同时，苍鹰、猎隼、雀鹰这些动物都是白天出来捕食，如果猫头鹰也选择白天捕食，就很容易被抓住。相反，它躲起来睡大觉，不动声响，就不容易被发现了。

至于猫头鹰的顺风耳是如何帮助它发现敌情，在敌人到来之前就神不知鬼不觉地逃走呢？我们通过它高超的捕食技巧就知道了。

当夜幕降临时，就是猫头鹰的活动时间了。它选择晚上出来活动，因为它的眼睛里感光细胞特别多，在夜间微弱的光线下看得最清楚，就像人类使用红外线望远镜。

猫头鹰属于肉食性鸟类，我们常见的老鼠、兔子、蛇和青蛙等都是它捕食的对象。猫头鹰的爪子和嘴巴非常厉害，老鼠、兔子这些小动物遇到它们只能任它宰割，毫无还手之力。

除了视觉，猫头鹰更加依赖的是它的听觉。

动物学家研究发现猫头鹰的听觉非常灵敏，在伸手不见五指的漆黑环境中活动，主要依靠发达的听觉系统。动物学家曾经做过实验：在距离猫头鹰200米远的地方，将事先准备好的录上老鼠叫声的录音机放在那里，然后放出老鼠的声音，仅仅叫了两声，就被猫头鹰发现了，结果它立即就对这台录音机发起了攻击。

猫头鹰的听力如此发达，和它的耳朵的构造是分不开的。从外形上看，猫头鹰的左右耳是不对称的，左耳道明显比右耳道宽阔，而且左耳有很发达的鼓膜。除此之外，还生长着一簇耳羽，很像人类的耳廓。

更为重要的是，它的听觉神经很发达。动物学家研究发现，一只体重为500克左右的乌鸦有2.7 万个听觉神经细胞，可体重只有300 克左右的猫头鹰却有9.5 万个听觉神经细胞。

另外，猫头鹰的脸部密集着生的硬羽组成面盘，这些面盘是它自身的声波收集器。猫头鹰硕大的头使两耳之间的距离较大，这可以增强对声波的分辨率。

在黑暗的环境中，当猫头鹰听到异响时，第一个反应是转过头，如同我们在听到微小的声音时需要侧耳倾听一样。当然，猫头鹰并不是真正地侧耳倾听，而是使声波传到左右耳的时间产生差异，从而准确地进行定位。

一旦猫头鹰判断出猎物的方位，便快速出击。尽管猫头鹰的翅膀很宽大，可它的羽毛上有天鹅绒一般的羽绒，因此，扇动翅膀时发出的声音非常小，一般的动物根本察觉不到。这样无声的出击使猫头鹰捕食的成功率大大增加。

听了妈妈的讲解之后，洋洋非常吃惊，他赶紧借妈妈的手机，要多拍几张猫头鹰的照片，给同学们看一下。

安全小课堂

场景：

春节是中国的传统节日，燃放烟花爆竹是春节不可缺少的一项活动，特别是除夕之夜，整夜都不间断，表示辞旧迎新。虽然燃放烟花爆竹增添了节日的欢乐气氛，但每年春节被烟花爆竹炸伤者不在少数。尤其是小朋友们，轻者手与脸被灼伤，重者手指被炸断或眼球被炸破，甚至耳朵会失聪。遇到燃放烟花爆竹的现象，小朋友应该如何保护自己呢?

安全法则：

首先，尽量不要燃放烟花爆竹。如果不可避免地要点烟花爆竹，脸不要贴得太近，以免炸伤面部和眼睛。发现烟花爆竹不响时，不要急于上前查看，最好等待一段时间，以免发生意外被炸伤。其次，不要在手中燃放。点燃后，应该远离燃放地点，同时捂住耳朵，让身体背对正在燃放的烟花爆竹。

好哥俩——犀牛与犀牛鸟的友谊

动物园又迎来了新成员——非洲犀牛，来自遥远的南非约翰内斯堡，顺利进驻本市动物园。

听到这个消息，洋洋高兴地手舞足蹈，星期五下午，学校就会组织同学们到动物园观赏犀牛。

爸爸说："犀牛落户动物园，不知道犀牛鸟有没有跟来？"

洋洋觉得很奇怪，犀牛鸟是什么？

爸爸回答说："犀牛鸟是一种体型特别小的鸟，跟犀牛是好哥俩。"

洋洋想了想，说："我听老师说，犀牛很厉害的，连老虎和狮子都对它忌惮三分，一只小小的鸟儿，居然敢跟犀牛在一起？"

爸爸笑着说："这你就有所不知了，它跟犀牛在一起，不仅能吓跑天敌，还能够享受到美食。"

安全课前小问题

聪明的小朋友，体型微小的犀牛鸟和凶猛的犀牛是如何相处的？它到底有什么法宝呢？

在非洲草原上，犀牛鸟是一种体型很小的鸟儿，全身黑色，远远看上去就像麻雀一样。非洲草原上，生活中很多凶猛的鸟类，雕、老鹰、鸥、秃鹫（jiù）、鸠（jiū）等，它们都是犀牛鸟的天敌。体型微小的犀牛鸟，一不小心就会成为别人的食物。

可在这种危险的情况下，犀牛鸟却生活的悠然自在，这都是因为它们的一项“绝技”，从而能够保护自己。原来，它的“绝技”就是好朋友犀牛。

生活在非洲的犀牛，身长约5米，高2米，体重足有好几吨重，它皮肤很厚很硬，就像是披着一身刀枪不入的铠甲。尤其是它头上的那只长角，像碗口一般大小，非常尖锐，狮子、大象、豹子等动物，一旦被它顶上一下，那肯定要完蛋，轻一点也会皮开肉绽，痛苦不已。

然而，强大的犀牛却有很大的弱点。原来，犀牛的皮肤又厚又硬，可是皮肤褶（zhě）皱之间却又嫩又薄，一些吸血的蝇、虻和一些体外寄生虫就会趁虚而入，吸食犀牛的血液，还会在里面产卵生蛆，使得犀牛非常痛苦。

这个时候，犀牛鸟就出现了。犀牛鸟是捕虫的好手，它落在犀牛的背上，不停地啄食着那些企图吸犀牛血的害虫。犀牛会很舒服，自然就欢迎这些会飞的小伙伴来帮忙了。

当一些企图吃掉犀牛鸟的鹰、鸠出现时，它们远远看到体型庞大的犀牛时，就会望而却步，它们可不是犀牛的对手。这样，犀牛鸟就成功地躲过天敌，保住了性命。

另外，犀牛鸟还特别聪明，还能为犀牛放哨。一旦周围有异常的动静，或者体型庞大的动物出现，它就惊飞起来，叫个不停，向犀牛报警。犀牛听到警报，就会提前做好准备，迎接敌人的挑战。

场景：

犀牛身上生虫子，有犀牛鸟给它治。如果我们肚子里有虫子，该怎么办？小胖平时喜欢吃甜食，吃各种零食，却很少吃饭，偶尔还肚子疼。去医院看大夫之后才知道，原来小胖的肚子里长了蛔虫。

安全法则：

聪明的小朋友们，当我们感觉到食欲不振、恶心、呕吐以及间歇性肚子疼痛等症状时，不可粗心马虎，这可能就是肚子里有蛔虫在作怪，需要去看医生。

良好的饮食习惯才能保证身体的健康，要少吃零食、甜食，多吃饭，才能保证营养的完全摄入。零食和甜食缺乏营养，经常吃会导致身体营养不良，出现各种各样的问题。

牙科大夫——鳄鱼的专用牙医牙签鸟

在一个晴空万里、阳光明媚的上午，爸爸带洋洋到动物园看鳄鱼。

来到动物园，洋洋被周围的小动物深深地吸引住了。走着走着，刚好走到鳄鱼池。饲养员叔叔正在给围观的参观者介绍鳄鱼，“鳄鱼十分凶猛，什么肉都吃，新鲜的、腐烂的……”

洋洋听得聚精会神。

突然，水池里传来一阵“哗哗哗”的响声，洋洋回过头来一看，尖叫了一声：“啊！有鳄鱼，救命！”

饲养员说：“小朋友不用害怕，你们之间隔着两个铁笼子，它不会爬出来的。”

洋洋这才小心翼翼地走到鳄鱼池的边沿处仔细观察，突然，它惊奇地发现在鳄鱼的嘴里有一只小鸟。

洋洋好奇地问：“饲养员叔叔，为什么鳄鱼嘴里有一只小鸟，而鳄鱼却不把它吃了呢？”

饲养员笑了笑，说：“这种鸟叫作牙签鸟，又叫鳄鸟，鳄鱼不仅不会伤害它，还会保护它呢。”

安全课前小问题

聪明的小朋友，你见过牙签鸟吗？它停留在鳄鱼的嘴边，而鳄鱼不仅不会伤害它，还会保护它？这其中有什么好玩的原因吗？

牙签鸟，又叫鳄鸟，是一种体型很小，嘴巴又尖又长，看上去像牙签一样。在大自然中，牙签鸟没有老鹰庞大的身体，尖锐的爪子以及闪电般的速度，生命随时都面临着威胁。

可小小的牙签鸟却掌握着一项绝技，这个绝技帮助它成功地保护自己，这项绝技就是给鳄鱼治疗口腔卫生，它是鳄鱼专用的牙科大夫。

鳄鱼是凶猛的肉食动物，不管是多么凶猛的动物，只要被它抓住，都难逃一死，不管肉是新鲜的还是腐烂的，不管是容易消化的还是不容易消化的，都会被它咬成一节一节，然后全部吃下去。

每次当鳄鱼一吃东西，牙缝里就会嵌（qiàn）进很多的肉屑残质，这些肉

屑残质如果不及时清理出去，就会腐败生蛆，久而久之鳄鱼的牙齿就会完全腐烂，危及生命。

牙签鸟会帮助鳄鱼清除牙缝中的肉渣，它在鳄鱼稀稀落落的牙齿中间跳来跳去，帮助鳄鱼剔牙齿，捉蛆虫，防止鳄鱼蛀牙及口臭，把鳄鱼伺候得舒舒服服。同时，它自己也可以饱餐一顿，不用出去辛辛苦苦地找食物。这样，就不会遇到老鹰、鸠等凶猛的飞禽，从而成功地保护自己。

另外，它还能帮助鳄鱼治疗身上的皮肤病。鳄鱼每天都会接触腐烂的肉之类，这些肉里含有很多细菌及寄生虫，牙签鸟会帮助鳄鱼清除这些细菌和寄生虫。

牙签鸟为鳄鱼“服务”，鳄鱼反过来也会保护牙签鸟，当牙签鸟遭到袭击时，它会躲到鳄鱼的嘴巴里，当危险解除，牙签鸟才会从鳄鱼的嘴里走出来。

还有一个有趣的现象，牙签鸟会在鳄鱼的窝边筑巢、生儿育女。有时它也为鳄鱼放哨，一旦有危险，牙签鸟便发出警告，让鳄鱼做好准备，是一种十分可爱的小动物。

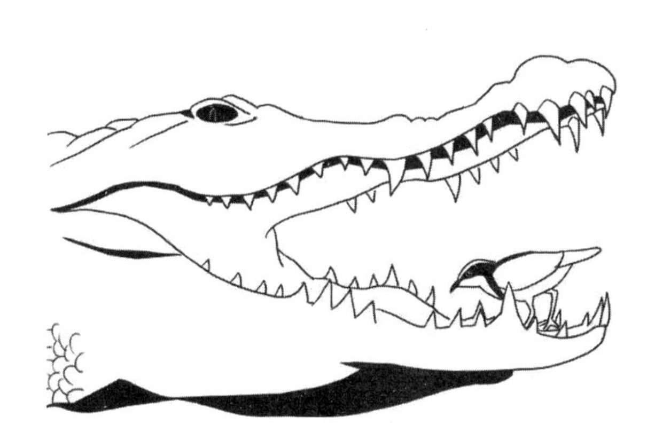

安全小课堂

场景：

小强平时很爱吃各种零食，而且经常不刷牙，时间久了，他的牙齿变得又黑又黄，而且总是牙疼。这种情况该怎么办？

安全法则：

这种情况下，不能吃止疼药，会伤胃，正确的做法是去看医生。防止牙齿疼，关键在于预防，预防的方法是要养成从小刷牙的好习惯。因为牙齿表面是凸凹不平的，所以每次吃完饭后，牙齿中会残留着食物残渣，如果不及时清理，残渣会滋生出细菌，腐烂牙齿。正确的做法是吃完饭后要及时刷牙，清理这些残渣，保护好牙齿。

带路人——为鲨鱼服务的向导鱼

洋洋和爸爸妈妈一起去极地海洋世界。在那里，洋洋看到了很多在北京海洋馆没有见过的动物，比如北极熊、北极狼、帝企鹅、向导鱼、白鲸等。

进了海洋世界，他首先看到的是北极熊。北极熊的体形非常大，两只北极熊一直待在岸上，走来走去，不时互相摩擦着头部。接着，洋洋看到了向导鱼，这几只向导鱼，身长大约30厘米，白白的肚皮，青色的脊背，两侧有黑色的长条纹路。

洋洋问："这种鱼是不是专门给别的鱼带路，所以取名叫向导鱼？"

爸爸说："对！不过它只给一种鱼带路。"

洋洋问："它给什么鱼带路？"

"鲨鱼！"爸爸回答说。

"啊？它不怕鲨鱼吃它吗？"洋洋觉得不可思议。

爸爸回答说："向导鱼给鲨鱼带路，不仅能保护自己，还能够填饱肚子。"

安全课前小问题

聪明的小朋友，鲨鱼是海洋里最凶猛的鱼类，为什么不吃向导鱼反而会保护它呢？这其中有什么原因吗？

向导鱼是海洋中一种常见的鱼类，身体长度大约30厘米，青黑色的脊背，白色的肚皮，以鲨鱼吃剩的食物为食。

提到鲨鱼，人们并不陌生，不管有没有见过它，都能从书上或者电视上了解到它特别凶残。尤其是它的牙齿，非常可怕，又扁又薄，边缘生有锯齿，就像切面包的刀子一样，锋利无比。鲨鱼的食量还特别大，一口能吞下成群的小鱼，还能咬死和吃掉比它大的鱼或其他动物，算得上是"海中霸主"。

可让人觉得奇怪的是，如此凶残的鲨鱼，它的身边总是伴随着一群向导鱼。向导鱼会在鲨鱼周围游来游去，它的动作敏捷又快速，一点儿也不怕鲨鱼。

原来，"大胆"的向导鱼是鲨鱼的好朋友，鲨鱼虽然很凶猛，可视力很不好。每次外出捕食时，就需要有人给它带路。向导鱼就充当了这个角色，它会跟随鲨鱼左右，仿佛像护驾的卫队一样，准确地告诉鲨鱼猎物的位置。这样，鲨鱼就能够充分发挥自己的优势，避开自己的劣势，顺利地捕捉到食物。为了

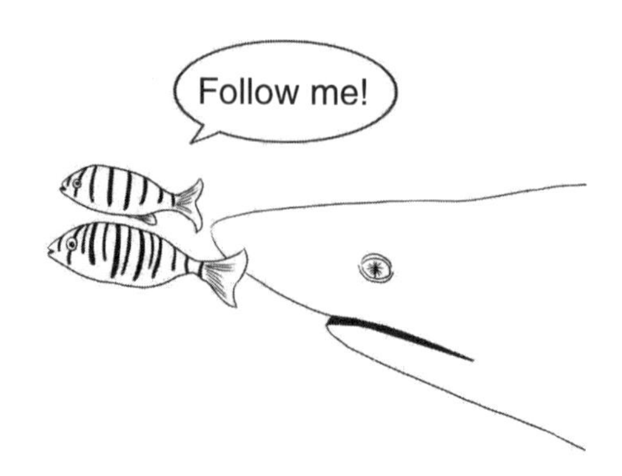

感谢向导鱼的付出，它还会把吃剩的食物赏赐给它们。

向导鱼时时刻刻跟在鲨鱼的身后，成功地避开了天敌。即便是遇到危险时，鲨鱼也会伸出“援手”，允许向导鱼躲到自己的嘴巴里。当危险解除时，向导鱼就会从鲨鱼的嘴巴里游出来。

除了给鲨鱼带路之外，向导鱼还能够给鲨鱼的皮肤“打扫卫生”，帮助鲨鱼清除身上的各种细菌和寄生虫。

了解了向导鱼的知识后，洋洋说：“真是看不出来，小小的向导鱼居然还有这么大的能耐。”

爸爸说：“海洋世界奥妙无穷，知识也是没有穷尽的。你要好好学习，去探索未知的海洋世界。”

洋洋认真地点点头。

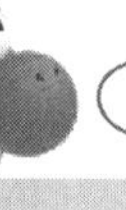

安全小课堂

场景：

妈妈带着鹏鹏出去散步时，突然有辆车从拐角开出来，惊慌的妈妈猛地拉了一下鹏鹏的胳膊，结果导致鹏鹏的胳膊脱臼（jiù）了。鹏鹏痛得哇哇直哭，被拉的胳膊垂挂着，完全不能动弹，一碰就痛。

安全法则：

发生这种情况后，如果确定脱位后，立即将脱位的肢体用三角巾适当的固定后送往医院。一般情况下，胳膊需要在麻醉下复位，而且在受伤后禁止进食，以免麻醉时引起呕吐。

抢地盘——我的地盘我做主

秋天的时候，班主任带着全班同学去野炊，大家都玩得特别兴奋。中午的时候，大家都坐在水塘边休息，水塘里长了很多芦苇。

班主任笑着说："同学们，我给你们出个谜语，你们来猜。谜语是，'空心树，叶儿长，好像竹子节节长，到老满头白花花，只结穗儿不打粮。'"

班主任的谜语吊起了大家的胃口，大家都在低头思考，谜底到底是什么呢。

小明抬头看了看眼前的芦苇，说："我知道了，是芦苇！"

班主任点点头。

刘丽说："老师，这个芦苇一点也不好看，又丑陋又平凡，而且与污泥为伍，长在臭水塘里。"

老师笑着说："你可别小看这芦苇，它的繁殖能力特别强，而且它的自我保护能力是很强的。大风，能吹倒大树，却无法将它吹倒。"

班主任一席话，让所有人大吃一惊。

安全课前小问题

聪明的小朋友，你见过芦苇吗？龙卷风等大风可以刮倒大树，却不会吹倒芦苇，你知道这是为什么吗？当我们在野外时，突然遇到龙卷风天气时，该如何保护自己？

芦苇是最常见的水生植物，它的适应能力特别强，习惯在夏季开花。它的花开在芦苇的最顶部，远远看上去像一个圆锥，非常松散。花的颜色是白绿色或者褐色，长约10~40厘米，稍微下垂，花期的时间为8~12月。

芦苇广泛分布在池沼、河岸、河溪边等多水的地区，只要它出现的地方，如果不加以控制，只需要三两年的时间，就会形成苇塘。华北平原的白洋淀的芦苇，是最为出名的。

芦苇是“抢地盘”的高手，植物世界中，有一些植物就是依靠“抢地盘”来生存的。芦苇就是其中之一，当它在一个地方生根发芽之后，为了生存，它需要“抢地盘”，需要土地，于是就会设法占据地面。芦苇的生长离不开水，于是便利用这个特点，疯狂地向四周蔓延。它的根部非常发达，纵横交错，以星火燎原之姿势扩张。

短短的几年之后，它就能“抢”下大量的地盘，发展成一大片，排挤掉其他的种群，使自己更好地成长。

当然，它的适应能力是最强大的，大风、大雨、冰雹等天气，根本无法打倒它。它的身体柔韧性特别好，当突然遭到大风天气，比如我国多发的龙卷风天气，一些参天大树见到龙卷风，都会被连根拔出，或者是被拦腰斩断，可芦苇不会，它们会紧紧地抱在一起，顺着风的方向暂时倒下，或者藏到水里面，成功地避开这些破坏力极强的大风。

当大风天气过后，它们会抖抖身上的尘土，从水里钻出来，继续成长。

了解了芦苇的知识之后，大家都大吃一惊：这个毫不起眼的芦苇，居然有这么强大的保护自己的能力。

老师点点头。

安全小课堂

场景：

在我国的很多地方，春天及夏天的时候，经常会发生龙卷风。龙卷风来得十分迅速、突然，还伴有巨大的声响，它的破坏力极强。当不幸遭遇龙卷风时，如何保护自己？

安全法则：

1.当在室内遭遇龙卷风时，应迅速打开门窗，使室内外的气压得到平衡，以避免风力掀掉屋顶，吹倒墙壁。其次，应该保护好头部，面向墙壁蹲下。

2.当处在室外遭遇龙卷风时，应迅速向龙卷风前进的相反方向或者侧向移动躲避。若龙卷风已经到达眼前时，应迅速寻找低洼地形趴下，闭上口、眼，用双手，双臂保护头部，防止被飞来物砸伤。

3.当乘坐公交车或者汽车遇到龙卷风，应迅速下车躲避，不要留在车内。

第6章　舍车保帅——保留主力军的奇迹

舍车保帅是象棋中重要的一招，舍去小的利益，来换取大的利益。当有些动物的尾巴或者腿部被敌人咬住时，眼看难以逃脱时，它会舍掉尾巴或者腿来获得逃生的机会。

聪明的小朋友，你知道超市中出售的螃蟹很多都会少腿，你知道这是为什么吗？

你知道壁虎被敌人咬住尾巴后会怎么逃跑吗？

你知道动物生病时怎么自救吗？

你知道小燕子冬天时都去哪儿了吗？

你知道……

这一章将带你领略动物保护自己的又一法宝。

麒麟臂——舍弃身体的螃蟹

自从跟小伙伴冰冰学会了抓螃蟹之后，洋洋总是惦记着抓螃蟹。中秋节的时候，洋洋和爸爸妈妈一起去乡下看爷爷。刚到爷爷家，洋洋就和冰冰等几个小伙伴约好去河里抓螃蟹。

吃完午饭，洋洋就迫不及待地出发了。

到了河边上，冰冰撸撸裤腿就下水了，洋洋把脱掉的鞋袜放好，也下到水里去了。

正在这时，冰冰大声说道："快看，石缝里有一只大螃蟹。"说完，他把那只螃蟹轻轻松松地抓住了。

洋洋这才想起来，螃蟹是喜欢呆在石缝里的。他仔细地往石头边缘瞅了瞅，发现在石头缝里藏着另一只螃蟹。这只螃蟹还被几个小石块挡着，深藏地十分安全，可惜它遇到了洋洋。

可是石缝太深，石头又太大，洋洋试了几次都没有搬动石头。他想到一个办法，从岸上找来一根树枝，把树枝伸进石缝里去撩拨那只螃蟹，将螃蟹赶到他可以够得着的地方，很快，这只大螃蟹就被洋洋抓住了。

洋洋兴冲冲地要将螃蟹扔进篮子里的时候，这只螃蟹竟扑哧一声掉进了石缝里，洋洋的手里留下了它的一条腿。洋洋顿时就傻眼了，说："我没有用力气啊，它的腿怎么折了呢？"

安全课前小问题

聪明的小朋友，你知道这是怎么回事吗？洋洋没有用力，螃蟹的腿怎么会折了呢？这会不会是螃蟹自我保护的措施呢？

关于螃蟹，有个很有趣的传说。据说法海公报私仇，为了报复白娘子当年偷吃他的仙丹，用尽各种手段拆散白娘子幸福的一家。后来惹怒玉帝，玉帝决定惩罚法海，走投无路的法海只好躲到螃蟹贝壳里。如今，人们吃蟹的时候，无论取哪一只，揭开背壳来，将里面的蟹肉吃完之后，就一定会露出一个圆锥形的薄膜，用小刀小心地沿着锥底切下，取出，翻转，使里面向外，只要不破，就会变成一个罗汉模样的东西，有头脸、身子，是坐着的样子，据说就是躲在里面避难的法海。

螃蟹是一种常见的动物，有则谜语是这么说的：八只脚，抬面鼓，两把剪刀鼓前舞，生来横行又霸道，嘴里唱把泡沫吐。谜底就是螃蟹。

从外形上看，螃蟹就像是一只放大了的蜘蛛，只是比蜘蛛多了两条腿罢了，它的全身穿着一套黄褐色的盔甲，用于躲避天敌进行自卫。扁圆形的身体两旁各有四条腿，每条腿有四节。

除了这些特征之外，螃蟹还有一个比较特殊的特点，它的最前面有一对引人注目的夹子，那俩家伙活像一个大铁钳，是进攻与自卫的好家伙，也是居家旅行必备的好武器，那身盔甲上还有一对黄豆大小的小眼珠，贼溜溜的。

螃蟹味道鲜美，是人们餐桌上的一道美味。为了保护自己，螃蟹练就了一个很奇特的本领，即当它的腿被抓住时，为了逃生，它会自动断腿，让抓捕它的人措手不及，螃蟹就会趁机逃走。

不过不用担心，螃蟹断腿后还会从原来的断点再长出一条新的腿来，但是新腿整体要比原来的腿细小得多，但同样拥有捕食、运动和防御的功能。

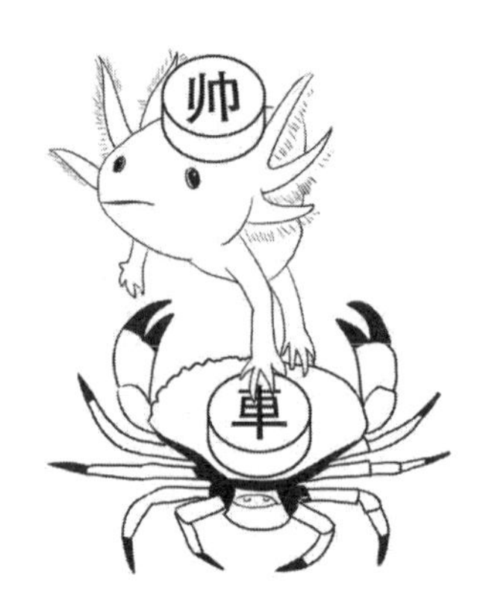

在超市里，我们经常能够看到缺胳膊少腿的螃蟹，就是它在被抓住时试图逃跑时留下的。

洋洋说："原来螃蟹这么聪明，在被人类抓捕的时候，虽然它力量很单薄，有时候甚至毫无还手之力，但只要有逃生的机会，都会努力地去抗争，哪怕忍受断臂的痛楚，真了不起。"

安全小课堂

场景：

螃蟹自我保护的秘密只有很少人知道。生活中，我们的秘密呢？现在网络非常发达，可以在学校、图书馆和家里使用网络，当在网络跟人聊天时，要注意哪些问题呢？

安全法则：

聪明的小朋友，当我们使用网络时，不要轻易告诉陌生人我们的秘密，要注意保守家庭及自己的一些秘密，更不要轻易约见在网上认识的任何人。

断臂求生——断尾逃生的壁虎

暑假到了，洋洋去爷爷奶奶家过暑假。晚上的时候，全家人都在院子里乘凉。老人笑、小孩叫、青年闹，好不热闹！洋洋扇着扇子，在院子中走来走去。

突然，他发现灯下面有几只灰不溜秋的小东西，走近一瞧，原来是正在觅食的壁虎。洋洋十分惊讶，愣了好半天。

这时洋洋的脑海里里出现了一连串的问号：壁虎为什么会在灯下面出现呢？难道它不怕蚊虫叮咬吗？他左思右想，百思不得其解，只好去请教爸爸。

他问："爸爸，壁虎为什么会出现在灯下面？难道它不害怕被蚊虫叮咬吗？"

爸爸随他来到灯下面，看了看那几只壁虎，笑了笑说："洋洋，壁虎不但不害怕蚊虫叮咬，还专吃蚊、蝇等害虫。它不咬人，也不破坏其他什么东西，你不要伤害它。而且据迷信的人讲，这是宅居兴旺的征兆。"

洋洋说："原来它对人类是有好处的，能够吃蚊蝇，真厉害。"

爸爸笑着说："其实，它还有更厉害的本领呢。"

安全课前小问题

聪明的小朋友，你知道壁虎更厉害的本领是什么吗？它最厉害的本领是用于自我保护还是捕捉食物呢？

在我国，壁虎是一种常见的动物，经常寄居在墙壁或者房檐下的缝隙里，依靠吃蚊、蝇、蛾等小昆虫生存。

由于经常与人类接触，它很容易受到人类和蛇等动物的伤害。当壁虎遇到危险时，它会采取一种丢卒保车的方法，就是断掉自己的尾巴，然后逃走。尾巴在断落之后，由于神经没有死，还会不停地动弹，这样就可以用分身术保护自己逃跑。

可能你会问，壁虎的尾巴为什么能够断落呢?

这是因为壁虎尾椎骨中有一个很明显的光滑的关节面，这个关节将前后半个尾椎骨连接起来。和整个身体比较起来，这个地方的肌肉、皮肤、鳞片都比较薄弱，并且非常松散。因此，当壁虎遇到危险、受到攻击时，就会剧烈地摆动身体，通过尾部肌肉强有力的收缩，造成尾椎骨在关节面处发生断裂，以此来逃避敌害。

刚掉下来的尾巴，由于是以糖原的形式而不是单纯以脂肪的形式贮存能量，而糖原比脂肪更容易释放能量，所以刚断下来的尾巴的神经和肌肉尚未死去，会在地上摆动，可以起到转移天敌视线的作用。

壁虎的尾巴断落之后会怎么样呢? 还能再生长出来新的尾巴吗?

当壁虎的尾巴断落之后，断残面的伤口很快就会愈合，形成一个再生基点，经过一段细胞分裂增长的时期，然后转入形成鳞片的分化阶段，最后长出一条崭新的尾巴，但与原来的尾巴相比，新的尾巴显得短而粗。

当然，壁虎只有在迫不得已的时候才会断尾，因为断尾毕竟是它身体上所受的严重损伤，会失去尾巴上储存的脂肪。

在爸爸的引导下，洋洋拿起一根小树枝，按住了壁虎的尾巴。这个时候发生了上面所说的那一幕，壁虎挣断了尾巴，钻到墙洞里，而那根断掉的尾巴，还在不断地挣扎。

了解了这些知识之后，洋洋大吃一惊。原来，壁虎还具备这种少见的逃生技能呢。了解了壁虎的秘密之后，洋洋兴奋得一蹦三尺高，心里甭提多激动，就像哥伦布发现新大陆一样欣喜。

安全小课堂

场景：

在新闻和报纸上经常能看到一些新闻，在发生火灾时，很多人原本可以顺利逃出来，但因为抢救财物，最后丧生在火海。还有一些人已经逃出来，转身又返回火场取东西，最后丧生在火海里。

安全法则：

在火灾面前，要跟壁虎学习断尾求生，壁虎在发生危险时，会放弃尾巴，争取存活的机会。当发生火灾时，逃命才是最重要的。一定要切记：逃生永远是最要紧的，切勿收拾财物，更不应该在逃离火场后又返回。

再世华佗——会给自己治病的大象

洋洋在小区玩滑梯的时候，不小心划破了手指。他赶紧跑回家，让妈妈给他包扎。

妈妈用清水帮他冲洗了伤口后又用酒精消了毒。最后，妈妈用棉花签沾上薰衣草精油，涂抹在伤口上，洋洋觉得伤口一阵凉爽，疼痛感消失了。

洋洋说："有药就是好，能够治病。如果我是不会说话的动物就惨了，只能任由伤口疼痛了。"

妈妈笑说："你怎么知道动物不会治病？"

洋洋想了想，说："对啊，现在也有很多兽医的。"

妈妈回答说："不是的，我的意思是说很多动物都会给自己治病。"

洋洋觉得难以置信，问："动物又不懂医药知识，怎么能够给自己治病呢？"

妈妈笑着说："很多动物都行，上次我们去动物园看到的大象，就会给自己治病。"

安全课前小问题

聪明的小朋友，你知道大象是如何给自己治病的吗？当我们一个人在家的时候生病了，需不需要跟大象学习一下，给自己治病呢？

在动物世界中，很多动物在长期的进化中，不仅学会了躲避天敌，还学会了给自己治病。

最为常见的是动物园中的大象。我们去动物园看大象时，会发现大象总是会从地下吸取很多的泥浆，喷到自己身上，将自己弄得脏兮兮的。然后，再安静地站在那里，慢慢地将泥浆晾干。晾干之后，又会用鼻子将泥浆擦掉，再重新往自己身上喷洒泥浆。

其实，这是大象的一种防病治痛的方法。大象的毛比较稀疏，很容易被蚊虫叮咬，会很不舒服。它往自己的身上涂泥巴，一来可以防止蚊虫的叮咬，二来可以预防和治疗身上的皮肤病。

洗泥浆浴并非大象的专利，河马和犀牛以及家养的猪等也有这一爱好，因为泥浆浴不仅能够治病疗伤，还能够防病。

很多动物都有给自己治病的本领，比如，我们常见的狗，狗受了伤的时候，会用舌头舔自己的伤口。这是狗治疗伤病的办法，因为舌头舔伤口，不但对伤口进行按摩，促进气血运行，有利于伤口愈合，而且舌头上的唾液能够消炎灭菌，防止伤口感染。

其实，人类的唾液也有此功效，现代医学认为，唾液中含有淀粉酶（méi）、过氧化物酶、黏（nián）液蛋白、磷脂、磷蛋白氨基酸、钠、钾、钙、镁等物质，这些物质具有消炎杀菌的作用。另外，唾液中含有一种使人保持年轻的激素，能强化人的肌肉、骨骼和牙齿等。

除此之外，唾液还能有效杀死食物中的致癌物质。唾液中还含有一种特殊的唾液生长因子，能促进人体细胞的生长分裂，缩短皮肤伤口的愈合时间，具有保持皮肤弹性的功能。

中医学认为，唾液中含有许多有益于人体健康的物质，每天吞咽自己的唾液可以防病治病、健康长寿。因此，民间又有“唾液不是药，到处用得着”的说法。

动物普遍存在一种称为断食治病的本能，简而言之，就是通过断食排毒，治好自己的病，例如大象、狮子、老虎、老鼠等动物只要一生病，就会找一个安全的地方放松下来，不吃不喝，断食排毒，自己治好自己的病。

俗话说，病从口入，各种各样的病都是因为饮食问题而出现的。当出现问题之后，同样也能够通过饮食进行治疗。例如，家养的猫，一旦病了就不吃饭，只吃一些青草补充一些维生素，通过断食排毒，从而治好自己的病。

在动物界没有医生和医院，因此，它们还保持着断食治病的本能。

人和动物一样，有一些天生的能够治病的本能。但人类在进入文明社会之后离开了自然，一些治病的本能已经被医生和医院所垄断，也就逐渐失去了能够治疗和预防疾病的本能。

安全小课堂

场景：

小明的爸爸妈妈由于工作忙，经常把小明一个人放在家里。前几天，因为天气转凉，一个人在家的小明感觉到不舒服，可能是生病了。在这种情况下，应该怎么办呢？

安全法则：

聪明的小朋友，当你一个人在家的时候，遇到了小明的情况，一定不要害怕，要勇敢，给爸爸妈妈打电话，如实讲述自己的情况。如果附近有诊所，在确保锁好门窗的情况下，去诊所里找医生。如果身上没有钱，也不要怕，可以向身边人寻求帮助。

远程导弹——精确制导的凤仙花

科学兴趣课上，老师给每一个同学都发了凤仙花的种子，小明特别高兴。他放学后急忙飞奔回家，在妈妈的帮助下，把种子给种下去。

小明认真地说："老师给我们布置了一个作业，让我们每一周都要写个观察日记，观察凤仙花的特点。另外，老师还告诉我们，凤仙花种子成熟的时候，我们还会发现一个大秘密。"

妈妈点点头，"认真地种植，认真地观察它，它带给你的不仅是美的享受，还有对你劳动的报答。"

小明有些迫不及待了，问："妈妈，你能不能告诉我，凤仙花的种子究竟藏着什么秘密？"

妈妈哈哈大笑。

安全课前小问题

聪明的小朋友，你见过凤仙花吗？你有兴趣亲手栽种一棵凤仙花吗？你知道凤仙花是如何保护自己的吗？很多人都喜欢玩具枪，可你知道玩具枪如何玩才安全吗？

在我国，凤仙花是一种随处可见的植物，它的生命力特别顽强，就像小草一样。

凤仙花是一种喜欢阳光的植物，怕湿，耐热不耐寒。它的生命力很顽强，

适应性好，一般很少有病虫害。

凤仙花的花儿特别好看，形状看起来很像蝴蝶，五颜六色，有粉红的、大红的、紫色的、白黄、洒金等颜色。

凤仙花最厉害的，就要数它保护自己的方式了。因为凤仙花不能跑，它保护自己的方式，就是不断地繁殖，得到更多更好更大的生长空间。在这个过程中，它的种子就至关重要了。

凤仙花成长一段时间之后，就会生出一些种子。它会把这些种子用睡袋小心翼翼地包起来，这样，种子在睡袋里，呼呼大睡。

当这些种子长大后，就会离开家，可凤仙花如何送这些孩子出家门呢？

通过前面的学习，我们知道，植物传播种子，有的靠风车、有的靠小动物，还有的靠鸟儿，可凤仙花不靠风，也不靠其他动物，而是依靠自力更生。

它自力更生的方式就是“发射塔”。当种子成熟后，睡袋在太阳光的照射下，慢慢变得干燥。当条件成熟时，“睡袋”就会“嘭”地一声裂开，“睡袋”向内卷缩，又突然向外伸张，这些种子就像是导弹一样，腾空而起，落到其他的地方。

落到其他地方之后，只要条件合适，种子就会生根发芽，过不了多久，一棵新的凤仙花就会长出来。

聪明的小朋友，凤仙花的这个秘密你知道了吗？生活中，我们都很喜欢玩具枪，用玩具枪做游戏，扣动扳机的时候，子弹就会像凤仙花的种子一样，飞出去很远。凤仙花是在保证安全的前提下，发动的“导弹”，可你玩玩具枪的时候，知道怎么保护自己和别人吗？

安全小课堂

场景：

乐乐和小天是好朋友。过生日的时候，乐乐舅舅给乐乐买了一把玩具枪，乐乐很高兴，和小天一起玩耍。玩耍的过程中，小天一不小心用玩具枪打中了乐乐的眼睛，经诊断为眼角膜挫伤。

安全法则：

孩子喜欢玩具枪，尤其是男孩子，这是天性。但在孩子玩玩具枪的前提下，一定要注意安全。

教育专家认为不该让孩子过多地接触玩具枪，这等于是在一个充满暴力游戏的环境下成长，对孩子的健康成长很不利。

首先，当孩子玩玩具枪的时候，尽量不要让他接触到子弹，这样，玩具枪的危险性会降低很多。

其次，尽量用其他玩具、道具代替玩具枪。

最后，告诉孩子，玩玩具枪的时候，不可以用枪指着别人，这是不礼貌的行为。

团结一致——惊心动魄的迁徙大军

最近，动物园迎来了一批新成员：两头角马和三只大袋鼠。周四上午，学

校组织全体同学前去观看。

在动物园里，洋洋看到角马长着一张长长的马脸，一条长长的尾巴，头大肩宽，头上长着一对弯弯的角，下巴留着一撮（zuǒ）山羊胡子，牛头马面羊须，长相很怪。

在介绍角马的时候，现场解说员说："角马，也叫牛羚，它是生活在非洲草原上的大型羚羊。它最突出的特征是每年都要进行一次迁徙活动。在迁徙过程中，危险重重，陆地上有狮子、豹子等肉食动物，河里还有凶猛的鳄鱼。"

在自由提问阶段，洋洋问了一个问题："这些角马有什么特殊的本领吗？比如尖利的牙齿，出色的弹跳力之类的？"

没有！

"那角马在迁徙中，是如何自我保护的？"

团结！

安全课前小问题

聪明的小朋友，角马没有尖利的牙齿，也没有出色的弹跳力，在迁徙中，会遇到凶猛的狮子和豹子以及残暴的鳄鱼，它是如何成功生存下来的呢？我们身边经常也有凶猛的小动物，比如，小区里的猫狗，我们该如何保护自己呢？

角马生活在热带草原上。角马是群居动物，以血缘关系一大群一大群地生活在一起。每年4~5月，角马们会在坦桑尼亚繁殖后代。这时候，当地的大草原就成了角马们的大产床，有数不清的小角马在这里诞生。在热带草原上，每年的7月、8月、9月为降雨季节，降水比较多。而其余的季节降水则相对较少。

进入雨季，风调雨顺，植物茂盛，可以满足角马的食物需求。一旦进入干旱季节，则缺水少雨，植物一片枯黄。

干旱季节来临时，为了生存，角马会迁徙到热带雨林边缘水草旺盛的地方，寻找食物维持生命，雨季时再迁徙回来。每一次的迁徙都是险象环生，因为它们的旅途中埋伏着大量的天敌，陆地上埋伏着大量的狮子、豹子以及其他食肉动物，河里埋伏着大量的鳄鱼。

这些角马，在高温、干旱、贫瘠（jí）的热带大草原经历长达数周的长途奔波，体力已经大大降低，但它们依然与很多天敌斗争。最危险的，莫过于渡过马拉河，这条河水流湍急，而且里面潜藏大量饥肠辘辘的鳄鱼。动物学家统计，在长达3000千米的迁徙过程中，大约会有25万只老幼病残角马死去。然而事实证明，角马群很快就会恢复过来，甚至变得比原来的族群更加强大。

渡过马拉河之后，就进入了水草丰盛的植物王国；渡不过去，将会因为缺少食物而死去。

为了能够让角马这个族群繁衍下去，尽管水中有很多饥饿的鳄鱼在等候着它们，但角马群必须渡过去。

角马渡河的策略，就是用多取胜，大队的角马一次性全部渡河。在渡河之前，角马会排起整齐的队伍，将一些老幼病残以及雌性的角马围在中间，

而一些身强体壮的雄性角马则站在外围。一切准备就绪之后，大量的河马开始渡河。

角马渡河的情景是很惨烈的。有的老、幼、病的角马从河岸上跳入水中时会折断腿；有的甚至被湍急的河水冲走；有的角马被河里的鳄鱼、河马袭击，受伤或者死去，漂浮在水上；有的角马渡过河后，才发现自己的亲人、孩子走丢了或不见了，于是又回到河边，向着对岸呜呜地哀叫，或者重新冒着危险跳入河中，游回对岸。

尽管角马渡过马拉河的情景非常惨烈，但这也是一次优胜劣汰的过程，一些年老体弱的角马会在这个过程中被淘汰，而一些身强体壮的角马则生存下来，并增强了后代的体质。

了解了这些知识，洋洋和同学们都非常吃惊，它们没有想到大自然界还有这样的事情。他们同时也感叹，大自然真是丰富多彩！

安全小课堂

场景：

小区里养猫养狗的人越来越多，当看到那些小猫小狗的时候，总有人上前去抚摸它逗它，其实，这都是不安全的。

安全法则：

动物学家告诉我们，尽量不要挑逗猫狗等宠物，不要让猫狗舔舐皮肤伤口和黏膜。尤其是天气转暖的时候，这是动物的发情期，你的挑逗行为可能会让它们性格变得狂躁从而容易伤人。因此，最好不要去挑逗它们。如果不幸被抓伤咬伤，应立即用20%的肥皂水或清水反复冲洗至少20分钟，再用75%酒精或2%碘酒涂擦，并及时去接种狂犬病疫苗。

千里大军——动物大部队迁徙

圣诞节的时候，洋洋的同桌杨璐送给洋洋一张非常好看的圣诞老人画像。画像上，慈祥的圣诞老人坐在车子上，前面有九只驯（xùn）鹿拉雪橇（qiāo）。

这九只驯鹿各自都有一个非常好听的名字，领头的红鼻子是鲁道夫，分拒两旁的拉车者分别是勐（měng ）冲者、跳舞者、欢腾、凶婆娘、大人物、闪电、丘比特和彗星。它们在冰天雪地里欢快地拉着穿着红衣服、蓄着白胡子的圣诞老人到处派送礼物。

洋洋问：“这驯鹿到底是什么动物呢？”

杨璐摇摇头说：“我也不知道！”

洋洋只好自己查找资料，通过努力，他终于了解了驯鹿这种动物的一些知识。

安全课前小问题

聪明的小朋友，圣诞节的时候，我们经常能在一些图片中看到为圣诞老人拉雪橇的驯鹿。可别小瞧了这些驯鹿，温顺的外表下，掩藏着一颗强大的心。它们经常与狼等一些凶猛的野兽作斗争，下面就来了解一下它们是如何与狼作斗争的。

驯鹿又叫角鹿，与其他鹿种不同，雌雄驯鹿都长着角，角的分枝繁复是其外观上的重要特征。驯鹿的分布主要集中在北半球的亚北极，包括欧亚大陆和北美洲北部及一些大型岛屿。北美的驯鹿是纯粹野生的，而分布于北欧主要由拉普人管理的驯鹿则属于大范围圈养的。

驯鹿在中国也有分布，在大兴安岭东北部的林区，主要分布在寒温带针叶林中，以石蕊、问荆、蘑菇及木本植物的嫩枝叶为食物。

驯鹿令人吃惊的行为，是每年一次、长达几百公里的大迁移。每年春天，驯鹿便会离开自己越冬的亚北极地区的森林和草原，沿着亘古不变的路线往北进发，寻找新的草场。

驯鹿的群族有着很强的组织性纪律性。在它们迁徙的过程中，由雌鹿作为向导带路，雄鹿则是断后保护，幼鹿伴随在母鹿左右，秩序井然，长驱直入，逢山过山，遇水涉水，不畏沿途艰难险阻前行。

驯鹿在迁徙的过程中，一边潜行一边进食，日夜不停。沿途不断褪掉身上的毛，生出新的薄薄的夏衣。有趣的是，前面驯鹿褪下的毛，被驯鹿的蹄子踩进泥土里，正好可以作为后来者的路标。就这样年复一年，驯鹿不知道已经走了几千年。

在迁徙的过程中，驯鹿大都是匀速前进，只有遇到狼群的惊扰或者猎人的追赶，才会进行一阵猛跑，发出惊天动地的巨响，扬起漫天尘土，掩盖自己逃跑，逃离危险。

驯鹿迁徙的过程，也是一个优胜劣汰的过程。迁徙过程中跟在后面的群狼非常贪婪，搜寻着衰老生病的驯鹿。对于健康的驯鹿，由于狼的奔跑速度和耐力都比不上驯鹿，它们只能尾随在鹿群后面寻找偷袭的机会。一旦发现体弱多病者，狼群便发起攻击。在驯鹿大队迁徙过程中，最恐怖的事情就是落后掉队，掉队的一些驯鹿，不论大小强弱，多数都沦为狼群的食物。

迁徙过程中的优胜劣汰促进了驯鹿的进化。同样，驯鹿的繁殖和生长速度也非常快。一般来说，雌性驯鹿在冬季受孕，在春季的迁移途中产仔。幼仔产下两三天即可跟着母鹿一起赶路，一个星期之后，它们就能像父母一样跑得飞快，时速可达每小时48千米。

了解了这些知识，洋洋心中有个疑问："驯鹿真的能够拉车吗？"

爸爸说："驯鹿当然拉车了，中国的鄂温克族就经常使用驯鹿作为交通工具，为他们的生产生活提供了很多的便利。"

安全小课堂

场景：

外面下大雨了，文文要去上学，爸爸妈妈都没空送她去，她只好自己打出租车去学校。当坐上了出租车之后，她发现司机把车开到她不熟悉的路上，这时该怎么办？

安全法则：

聪明的小朋友，当你一个人乘坐出租车时，一定要记得坐在后排，发生意外时不会被控制。当出现文文这种情况时，千万不要慌张，要向司机询问是不是走错路了，并再次说明你所要到的地点。如果发现情况不对，借口要上厕所，请他靠路边停车。赶快下车到人多的地方去，找交通警察，说明情况并请他帮助你回家或回学校。如果司机还继续开车，自己悄悄地把车窗摇下，等到红灯停车时，向窗外的行人和车辆大喊“救命”。

靠天吃饭——天冷就搬家的小燕子

中秋节的时候，爸爸和妈妈带着洋洋去爷爷家过中秋。洋洋非常高兴，因为他又可以见到爷爷家的小燕子了。暑假的时候，爷爷家住进了两只小燕子，一雌一雄，它们进门后的第一件事便是筑巢。

老房子的屋梁是它们选取的“宅基地”，接下来的一段时间，它们到村边的池塘里叼泥，到村外的农田里叼草，然后在“宅基地”里一点点地排起来，呈弧形，又一层层地垒上去。就这样一刻也不停地忙活着，几天后，一个马蹄形状的崭新的巢筑成了。

不久之后，一窝小燕子就孵出来。作为主人，洋洋当然为它们欢呼、庆幸，而它们依旧早出晚归，到处捉虫子给小燕子吃，忙得不得了。

这次去爷爷家，洋洋又可以见到小燕子了。

可是，到了爷爷家，洋洋发现小燕子的窝还在，但小燕子却不见了。

洋洋问：“爷爷，那些小燕子怎么不见了？”

爷爷说：“天气冷，小燕子要保护自己。它们都飞到南方过冬去了，明年春天就飞回来了。”

洋洋没有看到小燕子，有点失望。

爸爸说："不用失望，明年春天小燕子就会飞回来。"

安全课前小问题

聪明的小朋友，小燕子冬去春来，搬家属于它的自我保护方式。生活中，冬天天气冷的时候，当我们在室外活动时，又该如何保护自己呢?

燕子是一种常见的动物，它的翅膀很长，尾巴像张开的剪刀，羽毛是黑色的，嘴边的羽毛和脚部呈橘红色，腹部是白色，喜欢在民居房的角落或民居房的横梁上方用泥搭窝。

关于燕子的迁徙生活，民间有句谚语，叫"燕子不过三月三"，意思是说：燕子回到华北平原地区的时间过不了农历三月初三。燕子在北方生活几个月的时间，到中秋节前后就会离开。

燕子是非常有灵性的动物，在即将飞往南方过冬的时候，它们基本上就不出门了。它们天天蹲在屋檐上，不时抖抖翅膀，忽而用嘴理理羽毛；一会儿相互间靠一靠，一会儿又在院子里飞来飞去，成双入对地互相追逐。这时候，一些老人会说，"南飞"的时间快要到了，这是它们在恋恋不舍地和主人告别。

在飞往南方的时候，它们成群结队地由北向南飞向遥远的南方，去那里享受温暖的阳光和湿润的天气，而将严冬的冰霜和凛冽的寒风留给从不南飞过冬的山雀、松鸡和雷鸟。

很多人都认为，燕子南飞是因为天气寒冷，等到春暖花开的时节它们再由南方返回本乡本土生儿育女、安居乐业。事实真的如此吗?

其实并不是这样的。

这是因为，燕子的主要食物是昆虫，而它们捕食的方法，是在空中捕食，

不能像啄木鸟那样在大树的缝隙中寻找昆虫，也无法像其它动物那样可以吃种子、果实或者树叶。

由于北方寒冷的冬季是没有飞虫可供燕子捕食的，燕子又不能像啄木鸟和旋木雀那样去挖掘潜伏下来的昆虫的幼虫、虫蛹和虫卵，食物的匮乏使燕子不得不每年都要来一次秋去春来的南北大迁徙，以得到更为广阔的生存空间。燕子也就成了鸟类家族中的“游牧民族”了。

燕子迁徙的过程非常壮观，看起来是无数个小黑点，可以用遮天蔽日来形容。有的时候，它们停下来休息，数量庞大。有人发现，有一次燕子中途停下来休息时，无数只小燕子停留在一座近10层高的居民楼的楼顶上以及附近的电线上、葡萄架上、树上等。它们一只只、一串串，像音符，像项链，场面十分美丽壮观。

家燕还有着惊人的记忆力，无论飞多远，哪怕隔着千山万水，它们也能够靠着自己惊人的记忆力返回故乡。

安全小课堂

场景：

民间有这么一句话，“冬天动一动，少闹一场病；冬天懒一懒，多喝药一碗”。因此，在冬季坚持活动会增强身体的抵抗力，不容易生病。可冬天温度比较低，在室外活动时，需要注意哪些问题呢？

安全法则：

在室外活动时，首先要注意保暖，防止受凉。其次，做好充分的准备活动。冬季天气冷，血管收缩，血液循环不畅，肌肉和韧带也比较紧，这时猛一发力，很容易造成肌肉拉伤、韧带撕裂甚至骨折。因此，准备活动一定要做好，不但剧烈活动前应该如此，即使走路、慢跑也是一样。

第7章　装死无敌——装死给谁看

聪明的动物为了保护自己，练就了各种各样神奇的本领，其中，装死也是一种本领。

聪明的小朋友，你知道龟息功是谁的绝招吗？

你知道最搞笑的装死动物是谁吗？

你知道金龟子究竟有多爱装死吗？

你知道狐狸有多狡猾？

你知道蟑螂的秘密吗？

你知道……

今天，将带你领略动物世界的又一惊天秘密。

龟息功——最会装死的负鼠

洋洋在电脑前津津有味地看着武侠电视剧《九阴真经》，当看到王重阳用龟息功假死，然后用一阳指破除西毒欧阳锋蛤蟆功的时候，洋洋高兴的手舞足蹈。

“王重阳太厉害了，居然用龟息功装死骗欧阳锋，这下欧阳锋惨了。”洋洋高兴地说。

妈妈笑着说：“那除了王重阳，你知道还有谁会龟息功吗？”

洋洋想了想，说：“《天龙八部》里李秋水会龟息功装死、慕容博用龟息功假死隐藏少林寺、阿紫用龟息功在小镜湖骗阮青竹和段正淳，还有就是武当张三丰，他也会。”

妈妈听完后哈哈大笑，说：“你看的武侠还挺多的嘛。我说的不是武侠里的，是现实中的。”

洋洋吃惊地问："现实中也有会龟息功？"

妈妈笑着说："我说的这个，不仅会龟息功，还是龟息功的高手呢。"

洋洋问："是谁呀？"

妈妈笑着说："负鼠，它是龟息功高手，它的龟息功也是用来装死的。"

安全课前小问题

聪明的小朋友，你见过负鼠吗？它真的会龟息功吗？它的龟息功又是怎么来的呢？在大自然，它的龟息功有什么用呢？

老鼠在我们生活中很常见，种类有很多，负鼠是老鼠的一个种类。大自然中，最大的老鼠就是负鼠了。负鼠的身体很大，甚至比一些猫还要大。负鼠喜欢在夜间出动，以昆虫、蜗牛等小型动物为食，也吃一些植物性食物。平时，负鼠喜欢生活在树上。

负鼠十分有趣，行动时特别小心，慢慢悠悠的，经常先用后腿钩住树枝，确定安全站稳后再考虑下一步动作。如果发现树下有敌人，它不会立即逃跑，而是用前肢紧紧地握住树枝，张大两只眼睛，认真地观察敌人的行动，然后再决定对策。

负鼠最大的绝招，就是"龟息功"，当它遇到敌人，避无可避时，就会使用"龟息功"装死，这一招非常厉害，可以迷惑许多敌人。

它使用龟息功时是这样的，立即躺倒在地，脸色突然变淡，尽可能地张开嘴巴，尽可能伸出长长的舌头，眼睛紧闭，将长尾巴一直卷在上下颌中间，肚皮鼓得老大，呼吸和心跳都没有了，身体不停地剧烈抖动，表情十分痛苦。这个样子看起来很吓人，就像是突然得了病一样。此刻，当敌人触摸它身体的任何部位时，它都纹丝不动。敌人看到它这个样子，就不会再去捕食它。

如果你以为负鼠的“龟息功”只有这一招可就大错特错了。如果这一招没有迷惑对方的话，它就会使出绝招。它会不声不响地从肛门排出一种恶臭的黄色液体，这种液体会发出腐尸的味道，特别难闻。这种液体会使对方相信它已经死了，并且开始腐烂了。大多数捕食者都喜欢新鲜的肉，一旦猎物死了，身体就会腐烂并且全身布满病菌，这时，捕食者就会离去。

因此，当不少肉食动物看到负鼠的确已经“死”了，而且鼻孔中一点儿气也不出，连体温也下降了，就不会再管它了，会离开去其它地方捕食。等到敌害远离，短则几分钟，长则几个小时，负鼠便恢复正常，见周围已没有什么危险，就立即爬起来逃生。

动物学家曾经对负鼠进行过研究，发现它使用“龟息功”的时候，大脑一直在活动，而且比平时更为活跃。很明显，负鼠在装死时，是在紧张地等待逃命的机会，是真正地装死。

安全小课堂

场景：

亮亮在灌木丛里看到了一只死去很多天的乌鸦，他觉得很好玩，就捡起来玩。不久之后，亮亮就开始拉肚子。原来，这只死去的乌鸦带有传染性的病菌。

安全法则：

在生活中，不要去接触已经死去的飞禽走兽，尤其是病死、死因不明的飞禽走兽，即便是活的飞禽走兽，在确定安全之前，也尽量不要去接触，因为这些飞禽走兽身上可能带有传染性的病菌。

翻肚皮——最搞笑的装死蛇

洋洋放学之后，一头扎进爸爸的书房，直到快要吃饭了才出来。出来的时候，他的手里拿着一张纸，上面密密麻麻的都是字。

妈妈问："你进书房是不是查什么资料？你手里的这张纸写的什么？"

洋洋说："今天的兴趣课上，老师让我们查一些关于猪鼻蛇的资料。我已经查好了，都写在纸上了。"

"猪鼻蛇？"妈妈问，

洋洋点点头，说："是的，原来猪鼻蛇是世界上最笨的会装死的动物。"

妈妈说："为什么说猪鼻蛇会装死？还是最笨的呢？"

洋洋回答说："它装死是为了自我保护，可是它装死之后，却还会翻肚皮，真是太笨了。"

安全课前小问题

聪明的小朋友，你见过猪鼻蛇吗？猪鼻蛇也会通过装死来自我保护，可为什么又说它是最笨的呢？

猪鼻蛇又被称为膨身蛇，是大自然中长相丑陋的一种动物。它丑陋的外形，非常吓人，有人认为它是剧毒蛇，可是恰恰相反。它丑陋的外形是用来吓唬人的。

猪鼻蛇的原产地在马达加斯加岛，以蟾蜍为食，它的身体比较匀称，粗壮有力，身上有斑纹，一般体长约45厘米，体型不大。

在危险重重的大自然中，猪鼻蛇是属于弱势的一方，它没有毒蛇克敌制胜的毒液，没有巨蟒庞大的身体，以及缠死敌人的蛮力。因此，在弱肉强食的野外环境中，猪鼻蛇需要有特殊的本领来自我保护。

在长期的进化中，猪鼻蛇确实掌握了一些自我保护的能力，比如装腔作势，再比如装死。

例如，在遇到野猫、野狗等一些食肉动物侵犯时，猪鼻蛇会变得特别凶狠，它的头颈立刻变扁，嘴里发出“嘶嘶”的声音，看起来是要进攻的样子，很像眼镜蛇，它还会翘起尾巴模仿响尾蛇，把对手吓走。这一招装腔作势特别管用，一般的敌人都会被它吓走。

如果对手很强，根本不会被吓走，或者比较狡猾，猪鼻蛇会使出另一个绝招，就是装死。它让身体变得疲软无力，肚皮外翻，把嘴巴张得老大，舌头伸出来，同时嘴里发出一种腐臭的怪味，看起来很像死去了一样。

装死时的猪鼻蛇并不是一动不动，它还会偷偷地观察敌人的动静，如果敌人在一旁盯着它，它就会一直装下去，只要对手一走，它很快就会“复活”。这一招会让那些敌人纷纷上当，因为大多数食肉动物只吃活物，对死的腐臭的肉不感兴趣。

装死不只是成年猪鼻蛇的本事，就连刚出壳的小蛇也遗传了这种求生技巧。刚出生的小猪鼻蛇非常脆弱，连一只老鼠也斗不过。当老鼠来到小猪鼻蛇面前时，小猪鼻蛇会马上翻身装死，这一招会骗过老鼠。其他种类的无毒小蛇，由于不会装死，则经常成为老鼠的食物。

不过，它装死的办法可不高明，如果有动物用爪子试探它，它就躺着一动不动。可如果把它的身体翻过来，它便会发疯似地滚动，再把肚子翻过来。如果有机会能亲自试探一下，会特别有趣。

安全小课堂

场景：

明明跟爸爸妈妈一起参加户外活动，在草丛里休息的时候，不慎被蛇咬伤了手指头。明明非常害怕，吓得不知所措。

安全法则：

一般来说，如果被蛇咬了，首先应判断是否为毒蛇咬伤，这要从伤口上观察，被毒蛇咬过，一般会有两个较大和较深的牙痕，若无牙痕，就是被普通的蛇咬伤的。被普通蛇咬伤，只需要对伤口清洗、止血、包扎即可。若被毒蛇咬伤，要争取时间，找一根布带或长鞋带在伤口靠近心脏上端扎紧，缓解毒素扩散。但为防止肢体坏死，每隔10分钟左右，放松2分钟，及时送医。

见地死——落地装死的金龟子

下午放学的时候，洋洋和妈妈沿着小区里的主干道往家走。突然，在下水道的盖子旁，洋洋发现了一只金龟子。

洋洋蹲下来仔细观察它，只见它懒洋洋地趴在那里晒太阳，一点都不想动。他就用纸包起了它，想把它带回家。

走在路上，洋洋想跟妈妈开玩笑，就故意问妈妈："妈妈，金龟子是什么？"

妈妈说："金龟子就是金龟子呗！它是一只甲壳虫。"

嘻嘻！妈妈中了洋洋的圈套。

洋洋故意拖长声音说："不对！金龟子是一个人，是一个少儿节目的主持人！"

"哈哈！"妈妈也被洋洋逗乐了，"可你知道属于甲壳虫的金龟子，有什么好玩的地方吗？"

洋洋摇摇头。

妈妈说："它很聪明，会装死，而且是见地死。"

安全课前小问题

聪明的小朋友，你见过金龟子吗？金龟子和猪鼻蛇一样，也会通过装死来自我保护，可金龟子的装死方法与猪鼻蛇有什么不一样吗？金龟子被人摸到身体的时候会装死，当我们被别人摸身体的时候，应该怎么办呢？

在大自然中，金龟子是一种常见的动物，它的脑袋和身体都是椭圆形的，嘴巴前面有一双钳子，上面的钳子用来咬住食物，下面的钳子用来将食物咬碎送入嘴里。

一般来说，金龟子的壳的颜色比较单一，多为铜绿色、黑色、茶色、暗色等，这些颜色在阳光下发出亮眼的光，金龟子的名字就是这样来的。透明的翅膀藏在壳下，一遇到阳光就自由自在地飞翔。飞的时候，它那六条细长的腿不停地舞动，翅膀会发出“嗡嗡”的声音，好像在给自己伴奏呢。

金龟子的身体分头、胸、腹三部分。它的头上长有一个非常非常小的嘴巴，嘴巴扁扁的，但不像鸭子的嘴巴一样从头里边儿钻出来，而是下颚连着身体，上颚是不连着身体的。

金龟子最有趣的特点，就是它会装死了。当金龟子预感到危险时，就会从树枝上掉落到地面上，一动不动。一般来说，它装死的时间会持续三到五分钟，当危险解除时，它会伺机逃脱。

金龟子是一种害虫、杂食动物，以植物为食，对庄稼的破坏力非常大。在农村，农民伯伯经常用电灯来消灭它们。原来，金龟子还有个名字，叫“扑火虫”，晚上的时候，金龟子喜欢朝有亮光的地方飞。以前没有电灯，农村经常点蜡烛或者煤油，金龟子经常把灯扑灭，所以又叫“扑火虫”。

金龟子喜欢吃庄稼的叶子，农民伯伯就想了个妙计，在田野里摆一口缸，缸里装满了水，在缸的上面点一盏灯，金龟子朝灯飞去，就掉到缸里淹死了。

洋洋听完后高兴地说："金龟子很聪明，会装死。可农民伯伯更聪明，居然会想到这么一个消灭害虫的办法。"

妈妈笑着说："是啊，农民伯伯们的智慧是无穷的，你要好好学习，去学习这些知识。"

安全小课堂

场景：

妮妮在小区里玩，这时有一个熟悉的叔叔从背后拍了拍她的小屁股，又摸摸她的脸，还使劲亲了亲她，反复夸她是个漂亮的小姑娘，还让妮妮去他家里玩，说要送给她漂亮的衣服。这个时候，该怎么办？

安全法则：

聪明的小朋友，发生这种情况的时候，要记住一个原则：除了爸爸妈妈，不能允许任何人碰自己的身体，也不要轻易暴露自己的隐私处，更不能让别人触摸自己的隐私处。

智多星——聪明又狡猾的狐狸

又到了暑假，洋洋和妈妈一起去动物园看动物。动物园里的动物特别多，

有老虎、大象、狐狸和长颈鹿等。

洋洋和妈妈先到了熊园，看笨笨的狗熊。只见那两只小狗熊，一只静静地趴在地上，一只站着，举起两只手向洋洋挥舞，可真有趣。

熊园边上是狐狸园，一只雪白的狐狸正在低头走着。洋洋说："我不喜欢看狐狸，它太狡猾了，欺骗了好多人。"

妈妈笑着问："它欺骗谁了？"

洋洋回答说："它欺骗了老虎，欺骗了乌鸦，还欺骗了小鹿。"

妈妈听完后哈哈大笑，说："那些都是假的。狐狸可是智商很高的，它能根据不同的对手采取不同的方法去保护自己。"

洋洋问："它是如何保护自己的？"

安全课前小问题

聪明的小朋友，我们听了很多说狐狸狡猾的故事，这些故事中，狐狸都是扮演坏蛋的角色。其实，这些都是误解。大自然中，狐狸是特别聪明的，尤其是在保护自己方面，你知道它是如何自我保护的吗？在童话故事中，狐狸最喜欢装作别人的好朋友，当有陌生的叔叔阿姨要跟我们做朋友时，该怎么办？

狐狸无数次出现在各种童话故事中，童话故事里的狐狸绝对不是它真正的形象。在动物世界中，狐狸又叫红狐、赤狐和草狐。它嘴巴尖尖的，耳朵非常大，身子很长，腿却很短，屁股后面拖着一条长长的尾巴。

一般而言，狐狸生活在森林、草原、丘陵地带，居住于树洞或土穴中，夜晚外出觅食，白天睡觉。在听觉和嗅觉的灵敏度方面，狐狸和狗非常像，嗅觉和听觉都很好，加上行动敏捷，所以经常捕食各种野兔、蛙、小鸟、老鼠、鱼等，也吃一些野果。因为，它主要吃老鼠，偶尔才袭击家禽，算得上益兽。

在动物世界中，狐狸没有老虎、狮子锋利的牙齿，没有猎豹雷电般的速度，却能够生存下来，就是因为它的聪明。狐狸是一种聪明的小动物，警惕性强，机灵，很讨人喜欢。最令人称奇的是，它能根据敌人的不同，采取不同的应对措施。

当遇到猎人的时候，狐狸知道猎人手中有猎枪，会拼命逃跑，逃跑的时候，它不会按直线逃跑，而是不断地变换方向，让猎人难以瞄准。在奔跑的过程中，它还会甩动它的大尾巴来迷惑猎人，当它往左边逃跑的时候，会把尾巴往右边一甩，让猎人无法掌握狐狸的逃跑路线，从而逃过猎人的追捕。

当狐狸遇上大黑熊的时候，它又会像负鼠一样躺在地上装死。这是因为大黑熊不喜欢吃死去的动物，狐狸就通过这种方法，成功地骗过大黑熊，保住自己的性命。

当狐狸遇到老虎、狮子等大型动物时，会使用它最强大的武器，就是放臭屁。它的臭屁非常难闻，是一股强烈的骚味，把这些动物熏得晕头转向，它再趁机逃跑。

另外，狐狸与狐狸之间还特别团结，当一只狐狸看到有猎人做陷阱的话，它会悄悄跟在猎人屁股后面，等到猎人设好陷阱离开后，狐狸就悄悄地在陷阱旁边留下臭味作为警示，这个恶臭很容易被同伴知道，从而避开陷阱。因此，猎人的陷阱能捕捉到狮子、梅花鹿、老虎等，却极少捕捉到狐狸。

了解了狐狸的知识之后，洋洋大吃一惊，“原来狐狸这么聪明，看来是我误会它了。”

妈妈笑着说：“很多知识一定要亲自实践才能知道真假，这可是伟大领袖毛主席告诉我们的道理。”

洋洋认真地点点头。

安全小课堂

场景：

亮亮在小区里玩沙子，这时一个陌生的叔叔热情地凑过来要和亮亮一起玩沙子，还送给他一支漂亮的小水枪。一会儿之后，陌生的叔叔要带亮亮去吃肯德基，这个时候该怎么办呢？

安全法则：

当发生类似的事情时，小朋友要记住，爸爸妈妈不在身边时，不能对陌生人给的任何东西动心，更不能接受陌生人送的东西，也不要相信“我是你爸爸妈妈的好朋友”这样的话，并且要告诉陌生人，爸爸妈妈就在旁边，把陌生人吓走。

掐指一算——能够预知未来的蟑螂

上午10点多的时候，发生了3.0级的轻微地震，幸好没有人员伤亡。

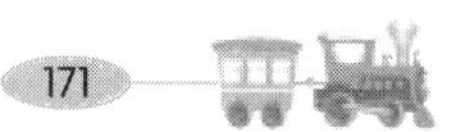

上午10点多的时候，洋洋正在家里写作业，突然感觉到桌子有轻微的摇摆，同时伴有“砰砰砰”的响声，时间持续了三四秒。

爸爸赶紧站起来，迅速打开家门看个究竟。此时，居住在洋洋楼上楼下的住户都纷纷下楼了，大家见面第一句话就问：“是不是发生地震了？”

爸爸赶紧带着洋洋和妈妈走下了楼，小区里已经聚集了很多人，大家都在议论地震的事情。后来，小区的物业通知大家暂时别回家，安全第一。

洋洋问：“发生了地震，怎么也没有人事先通知一声呢？”

爸爸说：“到目前为止，人类还无法准确地预知地震。”

洋洋问：“那发生了地震，我们就一点儿也无法预知吗？”

爸爸回答说：“其实并不完全是这样，根据动物学家的研究，蟑螂是目前能够预知地震的动物之一，但一直还没有得到论证。”

安全课前小问题

聪明的小朋友，你知道小小的蟑螂是如何保护自己的吗？它到底有什么绝招呢？蟑螂能够预知到危险，我们在遇到一些情况时，也要有预知危险的能力。

蟑螂是一种常见的昆虫，身体是扁平状的，黑褐色，通常中等大小。头部很小，触角很长，有翅膀却不擅长飞行。

蟑螂的敌人有很多，比如，蜘蛛、蝎子、蜈蚣、蚂蚁、蟾蜍、蜥蜴、壁虎、猫、猴子及老鼠等。尽管敌人很多，蟑螂却很难被完全消灭，这全要依靠它发达的触觉。

动物学家发现，蟑螂的触觉极为发达，哪怕微小的动静都能被它感知。这样，当敌人靠近的时候，它就会及早预知，提前逃之夭夭。更为厉害的是，小

小的蟑螂还能够成功地预测地震。

关于蟑螂预测地震，从很早开始，就有人注意到。每当地震发生前夕，蟑螂会表现得特别异常。在2004年的印度洋地震引发的海啸大灾难中，蟑螂就表现异常。

当时，一对来自澳门的夫妻在泰国普吉岛海边度假。海啸发生前，他们发现租住的酒店内出现了成群的蟑螂，到处乱窜。这对夫妻认为酒店的卫生太差，就换了另一家距离岸边400米的酒店。

四个小时之后，海啸汹涌而至，原来住的那间酒店很快就被海水淹没了。

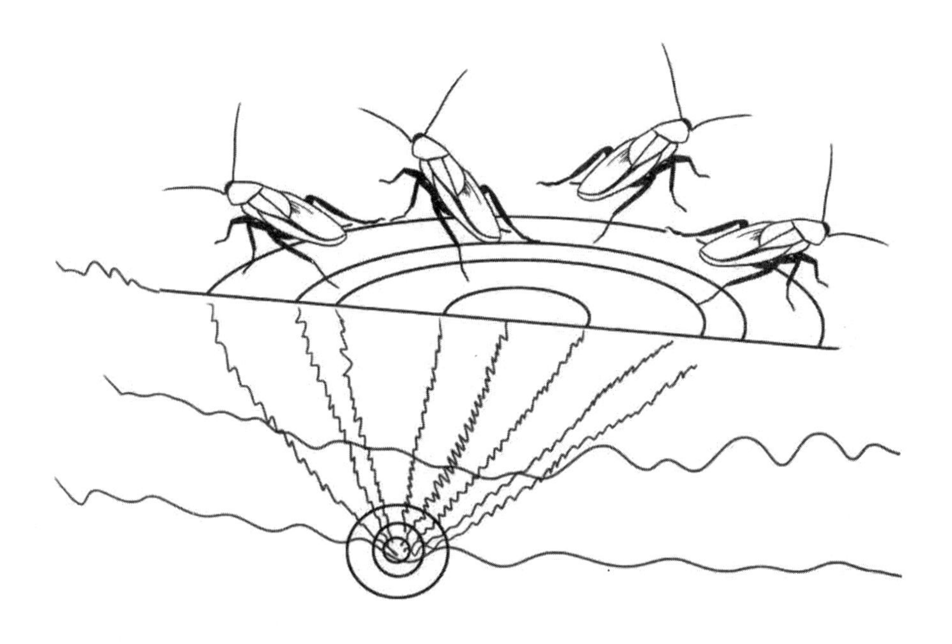

在预测地震方面，早在东汉时期，张衡就发明了一台“地动仪”。从外表上看，这是一个铜制的圆筒，顶部有一个铜的圆顶。圆筒的内部设置有机关，外面铸有八个龙头，每一个龙头的口中含有铜丸，分别朝向东、南、西、北、东北、东南、西北、西南八个方向。如果某个地方发生了地震，那个方向的龙头口中的铜丸就会掉下来，掉进下面放着的铜蟾蜍的口中。

根据历史记载，有一次甘肃方向发生了地震，由于震中的距离太远，洛阳城内毫无震感，可是地动仪却预测到了地震。

近年来，科学家们发现，每次在地震前夕，蟑螂都会有异动。为了研究这种现象，科学家对蟑螂进行了一个实验。在实验中，他们发现这些蟑螂在一个月里出现了五次反常行为：像热锅上的蚂蚁一样团团转，每一次都发生在地震前四小时。

蟑螂为何能够预测地震呢？通过对蟑螂的身体结构进行研究，发现蟑螂的尾部有一对尾须，尾须上密密麻麻地生长着许多丝状的、细细的毛发。

每次发生地震时，蟑螂腿上细细的毛发，能够预测出微小的振动。这些和张衡地动仪的每一个铜丸一样，只对来自某一方向的震动最敏感。

可是，蟑螂的尾须比地动仪要明显先进得多，它的体积只有地动仪的万分之一，但它的细细的、丝状的毛发却有两千根，辨别方向的精密程度显然也就高得多。通常，在地震前总有一些轻微的震动。这些震动人是感觉不到的，但蟑螂尾须上的丝状小毛却已经感觉到了。

目前，科学家正在模仿蟑螂的尾须，研制新型的地震仪，如果能够研制成功的话，人类受到的地震的伤害程度将会大大降低。

安全小课堂

场景：

彬彬在放学回家的路上，遇到有人问路。彬彬热情地帮忙，并告诉对方准确的方向和路线。这个时候，对方提出请彬彬引路。这个时候，彬彬该怎么办呢？

安全法则：

聪明的小朋友，当路上有人向你问路，你应该热情指点，但万一对方请你引路，就要引起警惕，即使是你非常熟悉的地方，即使这个地方离你的位置不远，你也不要去。你可以有礼貌地拒绝。如果对方纠缠你，你可以大声呼喊引起路人的注意。

不得脑震荡——天才防震专家啄木鸟

洋洋和爸爸在小区里散步，突然听到“笃笃笃”的声音从空中传来，洋洋抬头一看，原来树上有只啄木鸟。洋洋以前在科普书上看到过啄木鸟的图片，但从来没有见过真的啄木鸟。这只啄木鸟大概有20厘米长，翅膀和头部的羽毛黑白相间，腹部羽毛为白色，靠近尾部的羽毛为红色。这只啄木鸟非常勤劳，一直用嘴啄着树干找虫子，不时有小块树皮落到地上。

邻居听到声音，都聚集到树下面，纷纷拿出手机拍摄。虽然有很多人在观察它，但它还是不停地啄着树干。

爸爸说：“啄木鸟一般都生活在森林里，在城市中很难看到。现在能在我们小区看到它的身影，说明我们小区的环境很不错。”

洋洋问：“这个树干这么硬，啄木鸟居然都能凿开，它的嘴巴真厉害。“

爸爸点点头，说：“它的嘴又长又尖又有棱角，就像一把锋利的凿子。另外，它的嘴里还有一个长长的舌头，舌头的尖端有一个倒钩，能将隐蔽在树干深处的虫儿钩出来。”

在这个过程中，啄木鸟不停地在树干上啄击。洋洋心中产生一个疑问：这不会产生强烈的震动吗？这震动如果发生在人身上，恐怕早就脑震荡了，可是啄木鸟却安然无恙。这是为什么？

安全课前小问题

聪明的小朋友，你知道啄木鸟在凿树干的时候，如何保护脑袋免于得脑震荡吗？很多小朋友都喜欢溜冰，溜冰时不小心摔到了头，很容易摔成脑震荡，如何保护自己呢？

在我国，啄木鸟是一种常见的鸟类，它以各种害虫和幼虫为食，它每天可以消灭100多条藏在树干中的害虫。

根据统计，在1000亩人工林内，只要长期生存着四只啄木鸟，基本就能够控制蛀干害虫的发展，它们可以说是天然的“森林医生”。

另外，啄木鸟有一种极为高超的攀缘树干的本领，可以在又直又滑的树干上自如升降。这是因为它的趾长得非同寻常。一般鸟趾是三趾向前，一趾向后；而啄木鸟却是三趾向前，二趾向后，并有锐利的爪钩。另外，啄木鸟还有

一副坚硬而又有弹力的尾羽，可以用来支撑身体。因此，它不仅能够有力地抓住树干而不致滑下，还可以沿着树干向上跳跃和灵活地绕树干转动。

最令人惊奇的是啄木鸟的减震功夫。在凿击树干的过程中，啄木鸟的头部向前运动的速度，几乎是声音在空气中速度的两倍。声音在空气中的传播速度约为每一秒340米。它以如此高的速度不停地用嘴凿击树干，既不会患脑震荡，又不会产生头痛症，这是因为它特殊的大脑结构。为了揭开其中的奥秘，动物学家对死去的啄木鸟的头部进行解剖分析，发现在它的大脑周围有一层海绵状骨骼，里面含有液体，这些液体能够起到缓冲的作用，从而起到消震作用。

除此之外，在它的脑壳外围还长满了一层很有弹性的肌肉，这也能起减震作用。在啄木鸟啄树的过程中，头部是始终不变地做直线运动。

科学家们从啄木鸟那里得到减震防震的启示。例如，建筑工人的安全帽，帽顶与头顶之间的填充物，用的是坚固、又轻又密实的海绵状材料，能够减少物体的冲击。帽子下部又有一个保护领圈，发生撞击时，会使人体头部尽量做直线运动，不会产生任何转动，从而避免因旋转运动造成脑损伤。这种设计理念就是根据啄木鸟的头部特点设计的。

了解了这些知识，洋洋感叹地说：“看来，大自然真是人类的好老师，它有无穷的秘密等着我们去探索、去发现。”

安全小课堂

场景：

李明喜欢溜旱冰，每个周末都会和同学们到学校操场上溜旱冰。这天，他穿着溜冰鞋，准备从小区一路溜到学校。结果，刚出小区门口，为了躲避一辆汽车，仰面摔倒在马路上，撞到了后脑勺，导致脑震荡。经过医生的治疗，已经没有大碍，但李明每次回想起来都后怕。

安全法则：

一般来说，溜旱冰要注意以下几个方面的问题：

溜旱冰时一定要到专业、正规的场所，车来车往的公路、人多的公园、地面不平的地方是很危险的，小朋友们禁止在这些地方溜旱冰。

溜旱冰的过程中，经常会出现摔倒的情况，摔倒的时候一定要把身体向下收，这样把重心放低了，摔倒也不会很严重；如果是飞起来的话，落地的时候一定双手抱头，护住脑袋；如果是向后摔跤，记得用手掌做个小缓冲，再把屁股摔下去，这样不会震荡到内脏。

龟息大法——用假死骗过众人

在上活动课时，老师让小明给同学们讲故事。小明想了想，决定将妈妈昨天晚上给她讲的故事说出来。

这是一个关于神仙的故事。在天山顶部，有一个金光闪闪的天池，那是九天玄女洗澡的地方。在天池的岸边上，生长着一种非常漂亮的仙草，这种仙草能够让人起死回生。

有一年天降大旱，瘟疫流行，民不聊生，成千上万的百姓惨死。住在天池中的小龙女，看到人间遭受灾难，人们十分可怜。于是，她把天池岸边的仙草偷偷带到人间为人们治病。这种仙草果然令成千上万死去的百姓起死回生。

天池龙王知道这件事之后，大发雷霆，一怒之下将小龙女打下凡间。小龙女到凡间后，心甘情愿变成一株非常漂亮的仙草，普救众生。然而，天池龙王

还不罢休，将小龙女变成的仙草变得十分丑陋，但小龙女仍旧没有屈服，继续拯救人们。民间百姓感谢小龙女为他们作出的牺牲，将这种草改名为还魂草。

小明说完之后，同学们送上了热烈的掌声。

老师笑着对同学们说："小明说得非常好。不过，你们知道吗？虽然这只是个神话故事，但故事中提到的还魂草，现实中是真实存在的。"

老师刚说完，大家都情不自禁地发出"哇"的一声叹息。

小明问："老师，真的有还魂草吗？那么说，人类死了之后，还能够复活？"

安全课前小问题

聪明的小朋友，你知道还魂草吗？在生活中，很多情况都不可预料，如果有必要的话，不妨也学习一下回魂草，用装死来保护自己。

我们知道，水是生命的源泉，是植物的生命之源。各种植物体内都含有大量的水。水生植物的体内，含水量为98%；草类植物的体内，含水量为70%～80%；木类植物的体内，含水量要少一些，也有40%～50%；含水量很少的是生活在沙漠地区的植物，约为16%。如果低于这个标准的话，植物可能就会因为缺水而死去。

然而，有一种植物，体内的含水量却可以降低到5%以下，几乎变成干草了，却仍然可以维持生命，这种奇特的植物，便是植物界大名鼎鼎的"九死还魂草"。植物学家曾经发现，还魂草在被制作成植物标本11年之后，居然还能够"还魂"复活，足见其旺盛的生命力。

还魂草的高度约为5~18厘米，茎部生有很多密密麻麻的根须。从表面看上去，很像日常生活中我们食用的苦苣。

还魂草这种非凡的不死的本领，秘密就在于它的细胞的“多变性”。当干旱来临时，它的全身细胞都处在休眠状态之中，新陈代谢几乎全部停顿，像死了一样。在得到足够的水分后，全身细胞又会重新恢复正常的生理活动。还魂草，还有一个好听的名字，叫作“耶利哥的玫瑰”，这是因为它生长环境很特殊，在这种特殊的环境中，它为了适应环境，在长期的进化过程中形成的。它一般生长在干燥的岩石缝隙中或荒石坡上，在这样的环境中，土壤非常贫瘠，蓄水能力特别差，水分的供应没有保障，仅在下雨时有一些过路水迅速流过。但复活草凭借着有水则生、无水则“死”的生存绝技，不但旱不死，反而代代相传繁衍生息。随着环境中水的有无，复活草的生与“死”也交替进行。

听了老师的讲解之后，大家才明白，还魂草不是能够让人起死回生，而是自己能够起死回生。

还魂草在医学方面也有着独到的用处，如果做成药，有止血、收敛的效果。民间的偏方是将它全株烧成灰，内服可治疗各种出血症，和菜油拌起来外用，可治疗各种刀伤。

安全小课堂

场景：

在美国，曾经发生过一次枪击案，一个犯罪分子到一个学校中，手持机枪疯狂扫射，一名6岁的小女孩机智地躺在一堆尸体旁边装死，幸运地捡回一条命。

安全法则：

生活中，有太多不可预料的事情，当不幸发生一些难以控制的事情时，不妨学习还魂草，以不变应万变，或许能够化危险为安全。

第8章　无敌连环屁——动物界中的化学家

化学炮弹是动物的又一法宝，对敌人来说，它与现代的毒气弹、窒息炸弹、火焰喷射器和火箭十分相似。如果敌人胆敢伤害它们，它们就会拿出化学武器，狠狠地教训一下敌人。

聪明的小朋友，你见识过放屁虫的神功吗？

你知道黄鼠狼的秘密武器是什么吗？

你知道蚱蜢是怎么样保护自己的吗？

你知道又臭又香的气味是什么样的吗？

你知道……

今天，将带你领略动物世界中的“化学专家”，它们可是名副其实的厉害角色。

放屁添风——臭不可闻的放屁虫

暑假的一个下午，洋洋和妈妈、姥姥在一起看电视。看的正高兴，只听妈妈的一声尖叫："啊！好臭！我的手！茶几上有放屁虫。"

洋洋赶紧抽了一片抽纸，递给妈妈擦手，又抽了一张，准备捉虫，然而虫没捉到，手上却有一股臭味。最后，还是姥姥把放屁虫捉了出去。

妈妈擦了擦手，拉着洋洋去洗手，洋洋一边洗一边说："这放屁虫可真狡猾，不但喷了我一手的'臭'，而且还逃之夭夭。对了，家里怎么会有放屁虫呢？"

妈妈说："最近老是下雨，导致家里比较潮湿，看来家里要来一次大扫除，把死角地带好好打扫一下。"

洋洋又问："妈妈，这放屁虫是怎么放屁的？它为什么要放屁？"

妈妈说："放屁虫放臭屁是在自我保护，防御敌人。"

安全课前小问题

聪明的小朋友，你见过放屁虫吗？它是怎么放屁的呢？生活中，当我们不注意被臭屁虫喷了一手的"臭"，该怎么清洗呢？

放屁虫的学名叫椿（chūn）象，是一种非常常见的昆虫。一般来说，放屁虫的

大小就像人类的指甲盖大小。放屁虫的身体长度约为1.7~2.5厘米，颜色是黑褐色，前胸背板外缘有一枚尖锐的突刺，中央有一条横向的弧形橙黄色或橙褐色细斑。

生活中，很多人形象地称它为放屁虫，顾名思义，它肯定是一种会放出臭气的虫子。很多人认为它放屁的部位在屁股，也就是肛门上，可事实并不是这样。

原来，放屁虫的身上有特殊的臭腺，臭腺的开口在其胸部，位于后胸腹面，靠近中间的腿。放屁虫平时是不轻易放臭屁的，只有当它受到惊扰时，它体内的臭腺就自动分泌出挥发性的又酸又臭的气味来，这种气味经过臭腺孔弥漫到空气中，使四周臭不可闻。遇到敌人时就放出臭气，使敌人闻到臭味而不敢侵犯，自己则乘机逃之夭夭。

就是因为这样，人们才送给它“放屁虫”的外号，因为它实在是太臭了。严重的时候，它的气味会直接令侵犯它的敌人昏迷。不过别以为这个放屁虫是个益虫，它的危害可大了，你知道吗?

很多人不喜欢它，不是单纯因为它臭，而是因为它们的种族百分之九十以上都是害虫，会危害农作物、蔬菜、果树和森林。只要放屁虫出现的地方，就会让农作物、蔬菜、果树枯死。

不过，放屁虫的种族中，也有一些益虫，如中药材中的九香虫和小九香虫，它们均是蝽科昆虫，是医学中珍贵的药材，能够有效治疗肝胃气痛、腰膝

酸痛等症。

了解了放屁虫的这些知识之后，洋洋说：“看来我们要消灭这些讨厌的放屁虫。”

说干就干，在爸爸的组织下，他们一家将房屋彻彻底底地打扫了一遍。

安全小课堂

场景：

小明在小区里玩耍时，一不小心摸了一下放屁虫，然后放屁虫就释放难闻的气体，熏到小明的手上，小明闻了一下，特别臭，甚至差点呕吐了，这个时候该怎么办呢？

安全法则：

在生活中，如果不小心摸到了放屁虫，这种难闻的臭味是怎么洗也洗不掉的，你只能漫漫地等待气味消失。唯一的办法，就是用花露水或风油精的香味盖住放屁虫的味道。不过，放屁虫只有在危险的时候才会放屁，因此，看到这种虫子的时候别招惹它，打它就一下子用东西打走，另外千万别踩死，踩死了臭味就全出来了。

臭屁神功——黄鼠狼的致命武器

昨天下午，洋洋和刘星结伴从学校回家。刚走到小区门口，远远看见了保

安岗亭门前放着一个长方形的铁笼子，里面还有一个黄色的东西在动。

他和刘星带着好奇心走过去，“刘星，这是什么呀？”洋洋疑惑不解地问。

刘星打量了一下，说：“这是黄鼠狼，我在电视里看到过！”

居然是黄鼠狼！洋洋很兴奋，他长这么大，还是第一次见黄鼠狼。他经常听别人说过，但是从来没有见到过，今天可是大开眼界了。

他仔细地打量着铁笼子中的黄鼠狼，这只黄鼠狼大约30厘米长，不胖不瘦，身材匀称。它全身披着棕黄色的毛，油亮油亮的。嘴巴小巧玲珑，嘴边还有几根长长的胡须。四条小腿短而粗壮，轻巧有力，尾巴蓬松柔软，像拖了一把小扫把。

洋洋想伸手摸一下，被旁边的保安阻止了：别摸它，它会放臭屁，还可能咬你。

啊？黄鼠狼还会放臭屁？带着这些疑问，洋洋决定去好好了解一下黄鼠狼。

安全课前小问题

聪明的小朋友，你见过黄鼠狼吗？你知道黄鼠狼为什么要放屁吗？它放屁是出于自我保护还是有其它目的呢？

黄鼠狼学名叫黄鼬（yòu），是一种常见的小型兽类。黄鼠狼通身都是棕色或者棕黄色，腹部的颜色略微淡一些，尾巴及四肢的颜色和背部的颜色一样。黄鼠狼的身体细长，一般在25~39厘米，尾巴在13~18厘米，较为蓬松。它的四肢比较短，腿部的毛又长又硬，喜欢在河谷、土坡、小草丘，沼泽及灌木丛中生活，在一些平原或者村落附近也可以见到。黄鼠狼喜欢夜间活动，以老鼠、青蛙等为食物，也经常潜入住户偷鸡、鸭等家禽。

要说黄鼠狼最厉害的本事，不得不提到它的臭屁，这是它奇特的防卫功能。当黄鼠狼的生命受到威胁时，比如被老鹰、猎狗等追捕的时候，眼看就要被追上时，它就会释放出臭气来，气味非常难闻，老鹰根本无法忍受，甚至是不怕恶臭的猎狗，也难以忍受。只要老鹰、猎狗等敌人稍一迟疑，黄鼠狼就会乘机逃脱。

动物学家曾经做过一次实验，放一条猎狗去追捕黄鼠狼，当黄鼠狼被逼到屋子的一角，眼看就跑不掉了，它掉转头，把屁股对准猎狗，对它放了一个屁。难闻的臭屁令猎狗晕头转向，不一会儿就趴在地上呕吐了，黄鼠狼趁机偷跑了。

或许你会认为，黄鼠狼的臭屁应该是来自它的肛门，可事实并非如此。黄鼠狼放的臭屁来自贴近肛门的腺体，这个臭腺，能分泌具有恶臭的臭液或臭气。另外，由于动物体温的影响，腺体迅速挥发气体，散发出强烈的恶臭。一只黄鼠狼每天可以产大约一毫升的臭液，一旦需要，黄鼠狼就会前脚倒立，眼睛瞄准，肛门冲着对方将臭屁喷射出去，可以喷到四米左右的地方，可见其力量之大。正因为如此，一些有经验的猎狗，在看到黄鼠狼时，都不会捕捉它。

黄鼠狼的臭屁神功不仅能自我保护，还能够用来捕食。至于有多厉害，还是来看它捕食刺猬的拿手戏吧。

在前面，我们提到过，刺猬的防守绝招就是蜷缩一团，成为一个圆圆的刺球，让对方无从下口。当黄鼠狼遇到刺猬时，想吃它同样是无从下口。不

过，它会在蜷缩成刺球的刺猬周围放一个臭屁。很快，刺猬就会自动解除“武装”，瘫软在地，一动不动，原来它被黄鼠狼的臭屁熏晕了。

了解黄鼠狼的这一绝招之后，洋洋非常吃惊，大自然界真是神奇啊，一物降一物。

安全小课堂

场景：

黄鼠狼不会主动攻击人，但当它的生命受到威胁时，会对人发起攻击。如果不幸被黄鼠狼咬伤了，该怎么办？

安全法则：

如果不小心被黄鼠狼咬伤，需要立即用肥皂水清洗伤口，碘伏消毒，同时也要注射狂犬病疫苗，因为黄鼠狼也可能携带狂犬病病毒。

邋遢大王——不洗澡保护自己的蚱蜢

三天度假旅游结束了，洋洋和爸爸妈妈回到了家里。三天里看了很多的风景，长了很多知识，同时也把洋洋累坏了。

打开卧室的门，洋洋用力一甩，一只鞋子就飞到墙角，另一只鞋子飞到客厅的地板上。他往床上一躺，抓起被子就往身上盖，准备休息。

这个时候，妈妈进来了，说：“洋洋，你为什么不刷牙、不洗澡就睡觉？”

洋洋懒洋洋地说："我太累了，等明天再洗吧！"

妈妈说："不行，睡觉前必须要洗澡刷牙。"

洋洋还是懒洋洋地不想动弹。

妈妈继续说："你可听好了啊，如果你不洗澡、不刷牙就会变成脏蚱蜢，你的小伙伴们谁都不愿意碰你，谁都不会跟你玩，到时候你就会一个人孤独、寂寞。"

洋洋问："脏蚱蜢是什么？"

安全课前小问题

聪明的小朋友，秋高气爽的时候，如果你到田间的草丛里，就会看到很多绿色或是黄褐色的昆虫，蹦蹦跳跳，特别有趣。这些蹦蹦跳跳的小动物就是蚱蜢。提起它，可是大有文章的，你知道它的一些生活方式吗？当我们在马路上行走的时候，千万不要学习蚱蜢蹦蹦跳跳，要安静下来，不要打闹。

蚱蜢是一种很常见的昆虫，我国大部分地区都有分布。蚱蜢头部的形状是尖尖的，呈圆锥形，身体是绿色或者黄褐色，触角很短，后足很发达，善于跳跃。它还有个很有趣的特点，如果用手握住它，它的两条后腿会作上下跳动。蚱蜢主要栖息于草地、农田，多活动于稻田、堤岸附近，会危害庄稼。

根据动物学家的研究，蚱蜢在全世界有12000种，中国分布有700多种。蚱蜢牙齿像锯齿，特别善于飞行。因为后腿粗壮有力，算得上是昆虫界的弹跳冠军。

别看蚱蜢的体型不大，可食量相当惊人，据说蚱蜢停在农作物上，一天可以吃掉与它体重相当的食物，简直就是昆虫界的大胃王。另外，蚱蜢是属于高蛋白的生物，味道鲜美，是很多动物的美食。

这种以植物为食且美味的动物，在大自然是如何生存的呢？这可要依赖它的独门绝技了。

大自然中，在长期的进化中，许多动物为了避免被其它物种吃掉，都拥有一身自我保护的本领。例如，当电鳗遇到敌人时，会释放出强大的电流，让敌人瞬间失去知觉，伺机逃走；当刺猬遇到不利的情况时，就会缩成一团，靠全身的刺幸免于难。箭毒蛙能自己制造有毒的毒液，当遇到进攻时，就将毒液喷向敌人，让敌人望而却步。

因为蚱蜢属于高蛋白的物种，常常成为很多动物的美食。作为蚱蜢，为了在大自然中存活下来，掌握了一门绝迹——脏。蚱蜢除了吃庄稼之外，还经常吃有臭味的树叶，如桉树的树叶，然后再呕吐到自己身上。每当遇到敌人时，蚱蜢会第一时间依靠强大的弹跳力逃走，如果逃脱不掉，就要依赖身上的“脏”了。当敌人准备将粘有呕吐物的蚱蜢吞下去时，因为它的身上实在太难闻，呕吐物实在太臭，就会立即将它吐出来，因此，蚱蜢不会伤害到“筋骨”，它会立即逃走。

因此，在大自然中，如果你偶然观察到从一些动物口中吐出来的东西中竟然有一个活的蚱蜢时，可不要觉得奇怪。蚱蜢就是靠这一绝招使自己死里逃生的。蚱蜢不会“制造”毒液，也不能像刺猬一样有硬刺，就只能用这一招，但这一招却非常管用。

知道了这些知识之后，洋洋说：“原来蚱蜢还这么厉害。看来我得洗澡，不然就真的像蚱蜢一样又脏又臭了。”

安全小课堂

场景：

一天放学后，小亮和三四个同学在一起走，说说笑笑，代飞和小亮开玩笑，把小亮的小黄帽扔到马路对面，小亮立即跑到马路对面去捡，由于着急，他顾不上环视四周的车辆就跑，差点被车撞了，这件事想想就后怕。

安全法则：

生活中，很多交通事故都是行人造成的，比如行人不注意交通安全、闯红灯或横穿马路，尤其是在马路上打闹，这是最危险的。在放学、上学的路上，一定不要打闹，要安静地走路，同时注意路面情况，不可分心、走神。

又臭又香——灵猫让你进退两难

洋洋在报纸上看到这样一条新闻：

长着一条“花里胡哨”的尾巴，看起来有点像黄鼠狼……今天，四只小灵猫入住本地动物园，经过短暂休养后将于国庆节期间与游客见面。

本次入住动物园的4只小灵猫是本市林业部门在执法检查时发现的，4只中有3只受了伤。小灵猫比家猫略大，全身以棕黄色为主，背部有五条连续或间

断的黑褐色纵纹，具不规则斑点，腹部棕灰，尾部有7～9个深褐色环纹。四脚乌黑，故又称“乌脚狸”。灵猫栖息于多林的山地，适应凉爽的气候。

看到这条新闻的时候，洋洋问：“爸爸，你见过灵猫吗？”

爸爸摇摇头，“我也只是在电视上看到过，现实中还没有见过。听说它习惯于夜间活动。”

洋洋说：“报纸上说动物园里新来了四只，国庆节的时候咱们去看看吧。”

爸爸点点头，“去之前你要了解几个问题，第一，灵猫有什么特点？第二，它可是野生的，在野外，它是如何保护自己的？”

聪明的小朋友，这几个问题你能回答吗？

灵猫的体型又瘦又长，额部相对较宽，嘴巴略尖，灵猫有大有小，小灵猫的个头和家里养的猫差不多大，大灵猫的个头跟家里养的狗差不多大。大灵猫的长度为65~85厘米，最长可达100厘米，尾巴为30~48厘米，体重为6~11千克。

灵猫的体毛颜色主要为灰黄褐色，头、额、唇呈灰白色，体侧分布着黑色斑点，背部的中央有一条竖立起来的黑色鬣（liè）毛，呈纵纹形直达尾巴的基部，两侧自背的中部起各有一条白色细纹。颈侧至前肩各有三条黑色横纹，其间夹有两条白色横纹，均呈波浪状。胸部和腹部为浅灰色。四肢较短，呈黑褐色。尾巴的长度超过体长的一半，基部有1个黄白色的环，其后为4条黑色的宽环和4条黄白色的狭环相间排列，末端为黑色，所以俗名“九节狸”。

动物世界里危险无处不在，灵猫没有锋利的牙齿，也没有很快的速度，如何在大自然中自我保护？

它自我保护的方式比较特别，它也会放屁，但它放的屁与放屁虫和黄鼠狼不同，它放的屁是又香又臭——开始闻着是香的，然后就是刺鼻的恶臭，让捕食者不堪忍受而逃之夭夭。

根据动物学家的研究发现，灵猫的屁股上都有一对发达的囊（náng）状芳香腺，雄灵猫开启的香囊呈梨形，囊内壁的前部有一条纵嵴（jǐ），两侧有3至4条皱褶，后部每侧有两个又深又大的凹陷，内壁生有短的茸毛；雌灵猫开启的的香囊大多呈方形，内壁的正中仅有一条凹沟，两侧各有一条浅沟。香囊中缝的开口处能分泌出油液状的灵猫香，起着动物外激素的作用。

其实这种分泌物十分恶臭，当发现敌人时，灵猫就将这种带有臭气的物质喷射出来迷惑对方，这个御敌的方法非常有效，往往可以使来犯者当即转身离去，自己则趁机逃到树上躲藏起来。

了解了灵猫的知识之后，洋洋决定去动物园看看灵猫。

安全小课堂

场景：

在放学的路上，勇勇看到路边有两个人在给路过的人发糖果，并说是公司在做试吃活动，糖果是免费的，不要钱。这两个人走到勇勇面前，请勇勇吃糖果，这时，该怎么办呢？

安全法则：

聪明的小朋友，如果有人给你东西吃，不管以什么借口，都一定要婉言谢绝。许多坏人常常利用各种借口，引诱别人中他们的圈套。他们往往会在食物中放入药品，吃了这些食物，你可能会呼呼大睡，坏人就会趁机绑架你。如果你已经坚决表示不吃，对方还纠缠你，那就大声呼喊，引起路人的注意。

无情三绝斩——沙漠中的行者角蜥

长长的暑假就要开始了，洋洋和爸爸准备去在美国生活的大伯家里做客。洋洋和爸爸为在美国的大伯带去了一件礼物，这是一套由北京奥组委授权发行的科技奥运题材的“中国四大发明”银质纪念章。作为回报，大伯带着洋洋和爸爸到德克萨斯州沃思堡动物园去看动物展。

动物展里展出了很多稀有的动物，洋洋看的眼花缭乱。当一行三人走到一个小展厅的时候，洋洋高兴地说：“我认识它，它叫蟾蜍。”

大伯看了看，对洋洋说：“你再认真地看一遍，它真的是蟾蜍吗？”

洋洋不敢马虎，又认真地看了一遍。这时，他发现了眼前这只“蟾蜍”的不同之处，它居然有角。

洋洋问：“这只蟾蜍怎么会有角？”

洋洋口中说的有角的蟾蜍，叫短角蜥，因为它奇特肥厚的外表长的很像蟾蜍，因此，动物学家有时也把它叫作“有角蟾蜍”或“角蟾蜍”。这种外形丑

陋的短角蜥，体长约为7.5~12.5厘米，浑身长满了刺状的鳞片，头部的背面、两眼上方还有一排放射形状的尖棘，主要生活在美洲的沙漠或半干旱地带。

洋洋接着问："沙漠地区常年高温少雨，人类在沙漠里都难以生存，这种弱小的动物如何能够生存下来？"

安全课前小问题

聪明的小朋友，你能回答洋洋的问题吗？短角蜥不会使用工具，也不会像人类那样携带大量的水，在缺水干旱的沙漠，它如何生存？

短角蜥体形扁平，头部为红褐色，下部为黄色，点缀一些褐色的斑点。根据动物学家介绍，短角蜥虽然长相十分凶恶，全身的短棘也仿佛很锐利，但其实这些都是它的一种伪装，它是动物界中典型的防御高手，并没有攻击性。

短角蜥以蚂蚁和其他昆虫为食物，它的捕食行为很有特点，用坚硬的身体挖掘沙土，堆积在背部，然后潜入沙中，仅露出头部，伺机捕食。有人可能会问，为什么细细的沙粒不会进入短角蜥的鼻孔呢？这是因为短角蜥的鼻孔内有一层保护膜，可以防止沙土进入鼻腔。

沙漠中最缺少的就是水。生活在沙漠中的短角蜥，如何解决这一难题呢？原来，短角蜥浑身的刺不仅能够保护自己，还能够储存水源。当它遇到水时，只要在水里浸泡一下，水就会进入小刺之间的凹陷处，再进入皮肤上的小孔里，然后会流向头部。在它的嘴角旁有一个小水箱，水就储藏在那里。如果遇到天旱缺水，它只要轻轻地动一下颌部，水滴会从小囊里冒出来，流到嘴巴里。

关于短角蜥最为动物学家津津乐道的特点，是它的御敌绝招，被人们形象地称为三绝斩。

第一斩：隐形衣。

它是一种变温动物，身体颜色随时跟沙土保持一致，避免被敌人发现。同

时，它还拥有“模仿秀”的能力，利用自身的形态、斑纹和颜色，模仿成周围自然界的物体形状，借以保护自身，免受侵害。短角蜥身体上的棘刺看上去很接近植物的枯棘，使一些凶猛的大型肉食动物、飞禽类和敌人很难发现。

这种本领不仅可以帮助它对付敌人，还能够迷惑猎物，使它们只要呆在一处不动，就可以“坐等食物上门”，将那些丧失警惕的猎物吞入口中。

第二斩：软猬甲。

短角蜥的第二招就是它身上厚厚的鳞片，这些又尖又硬的鳞片，每一片都像一把锋利的匕首，是它们重要的防御武器。当沙漠中凶狠的响尾蛇向角蜥扑过来，张开血盆大口，咬住它的头部，企图一口将其吞下肚里的时候，短角蜥的软猬甲就开始发挥用处了。只见短角蜥毫不慌张，从容面对。片刻之后，响尾蛇就会发现它啃了一块硬骨头，柔软的喉部被短角蜥脖子上的匕首状鳞片轻而易举地刺穿。巨大的疼痛让响尾蛇想要吐出嘴里的角蜥，但此时已经进退两难了。短角蜥的鳞片刺穿的方向与响尾蛇想要吐出的方向正好相反，响尾蛇越往外吐，鳞片会刺的越深，而往肚子里面吞，被刺穿的面积就会更大。最后，这条响尾蛇只能由于流血过多而死去。

第三斩：喷毒液。

短角蜥身上的“软猬甲”在对付一些狡猾的动物时，则失去了功效。狡猾的动物知道短角蜥身上的鳞片非常厉害，常常不会立即用嘴巴咬，而是用犀利的爪子撕破这层皮。直到短角蜥失去了这身“软猬甲”，才会吃掉它。遇到这种情况时，短角蜥会大量吸气，使自己的身躯迅速膨胀，将眼角边的皮肤撑破，突然从眼睛里喷出一股殷红的鲜血来，射程为1~2米，敌人会被这迎面喷来的鲜血吓得惊慌失措，短角蜥就可以趁机逃之夭夭了。

当然，如果对人类来说，眼睛出血这种现象就太可怕了，因为血管破裂就意味着脑溢血，会有生命危险。但短角蜥则不会，在长期的进化过程中，它的头部血管中的局部高血压，不仅不会对它的生命构成威胁，反而可以用这种“危险的游戏”来吓跑敌人，从而拯救自己的生命。

听完大伯的介绍之后，洋洋兴奋地说：“原来动物界中还有这么奇妙的事情，真是让我长了见识。”

在这家动物园中，洋洋还学到其他的知识了，小读者们想要了解这些知识的话，就认真地看书吧。

安全小课堂

场景：

随着全球气候变暖，室外温度越来越高。尤其是在南方地区，夏季户外的温度最热的时候高达41度，喜欢外出旅行的小朋友都很不喜欢温度这么高的天气。因为随着温度的升高，户外运动会引起一系列的不良反应，特别是高温中暑，在夏季频频发生，严重的时候可能会威胁到我们生命，我们应该怎么去避免中暑或者已经中暑了应该怎么自救呢？

安全法则：

在炎热的夏天，如果不慎中暑，轻度中暑应该立即到阴凉通风处，补充水分，短时间内即可恢复。严重中暑，要及时就医，迅速降温，以冷湿的毛巾覆在的头上，如有水袋或冰袋更好。尽量降低体温到正常温度，降温时不宜直接对准风扇。

牧羊人——动物中的逍遥大仙

洋洋陪爸爸到乡下帮爷爷栽种棉花，洋洋很久没有到爷爷家去了，这次决定好好玩一下。

在栽种棉花的时候，洋洋发现了一个非常有趣的现象：许多蚂蚁在棉苗上爬来爬去，而且棉苗上有不少蚜虫。

洋洋觉得很奇怪，问："爸爸，这是怎么回事？棉苗上为什么有蚂蚁，而且还有很多蚜虫。"

爸爸说："这是蚂蚁在放牧，如果你仔细观察一下其他的农作物，也会发现类似的现象。"

洋洋问："蚂蚁还会放牧？"

爸爸点点头，"蚂蚁的敌人有很多，为了保护自己，它们往往会储备较多的粮食，减少外出觅食。放牧就是它们在储备粮食。"

安全课前小问题

聪明的小朋友，你知道蚂蚁放牧是怎么回事吗？生活中，当我们不小心被蚂蚁叮咬了，又疼又难受，该怎么办？

在动物世界中，蚜虫是依靠植物的汁液生存的，饮下植物的汁液，排出亮晶晶的粪便。这些粪便中含有丰富的糖，我们称之为"蜜露"，而这些"蜜露"则是蚂蚁非常喜欢吃的。

蚂蚁特别聪明，当蚂蚁遇到这些蚜虫时，就会用触角不时地拍打蚜虫的背部，促使蚜虫分泌出“蜜露”，供自己享用。别看这些小小的蚜虫，一天可以生产大约25毫克的“蜜露”，是自身体重的好几倍。

蚂蚁与蚜虫的合作无间，蚂蚁不仅会用触角拍打蚜虫，使蚜虫分泌出这些“蜜露”，还会像牧羊人一样去放牧。

每当秋天的时候，蚂蚁都会把这些蚜虫像牧羊人赶牲口一样赶到蚁窝的“牲口圈”里。当天气转暖的时候，就是放牧的好时节，蚂蚁会将这些蚜虫送到绿树或者青草上。

放牧时，蚂蚁会用前爪牢牢地抓住这些蚜虫。蚜虫也非常配合，安静地一动不动，任由它们搬运。

因为蚜虫繁殖得很快，当一个“牧场”放不下的时候，蚂蚁就会把它们搬运到新的“牧场”去。更为有趣的是，负责“放牧”的蚂蚁会认真地守卫在周围，保护它们的“牲畜”，免得它们受到瓢虫等敌人的侵害，同时也提防其它蚂蚁抢走它们的“牲畜”。

蚜虫为蚂蚁提供了丰富的食物，蚂蚁当然也不会亏待它们。当天气转冷时，蚂蚁会将这些蚜虫及虫卵搬进“牲口圈”里，并为它们收集食物，防止冻死饿死。

当春天到来的时候，蚂蚁又会重新“放牧”，将这些蚜虫送到“牧场”里。就这样，蚂蚁和蚜虫之间形成了一种相互帮助的关系：蚜虫为蚂蚁提供食物，蚂蚁保护蚜虫，给蚜虫创造良好的取食环境。

洋洋听完后，觉得非常神奇，说：“这岂不是和我们放牧奶牛一样，给奶牛提供新鲜的草料，奶牛就会产出新鲜的牛奶？”

爸爸认真地点点头，说：“蚂蚁也属于游牧民族，这是它们的逍遥生活。”

当然，蚂蚁的“放牧”生活给自己的生活提供了便利，却对农作物的成长极为不利，甚至会导致农作物的死亡而减产。为了防止农作物受到蚜虫的伤害，农民伯伯经常会喷洒药物消灭这些蚜虫。

安全小课堂

场景：

鹏鹏在爬树的时候，不小心被蚂蚁叮了，特别疼。第二天早晨起来时，发现又痒又肿，鹏鹏不知道该怎么办？

安全法则：

我国常见的蚂蚁一般毒性都比较小。如果不小心被蚂蚁叮了，可以用把蒜头捣烂敷在伤口处，能很好地杀菌消毒。如果比较严重，则需要去医院就医。

参考文献

[1] 王义炯. 动物的智慧 [M]. 武汉：湖北科学技术出版社，2012.

[2] 周勇. 精彩的防御/奇妙的动物世界 [M]. 北京：机械工业出版社，2012.

[3] 朗悦洁. 神奇的世界系列・聪明的植物 [M]. 武汉：武汉出版社，2015.

[4] 朗悦洁. 神奇的世界系列・聪明的动物 [M]. 武汉：武汉出版社，2015.